ro
ro
ro

Zu diesem Buch Viele Menschen finden Mathematikaufgaben quälend und langweilig, mathematische Knobeleien dagegen ausgesprochen reizvoll. Mathematikaufgaben riechen nach Schule – der einzige Zweck von Denkspielereien ist es, die grauen Zellen anzuregen. 72 solcher vergnüglichen Kopfnüsse hat Heinrich Hemme zusammengestellt und in alltägliche, manchmal kuriose Geschichten verpackt. Eine 73. Kopfnuss befindet sich als Bilderrätsel zusätzlich auf dem Umschlag dieses Buches. Wer sie knackt, kann die Lösung an folgende Adresse schicken: Rowohlt Taschenbuch Verlag GmbH, Redaktion *science*, 21462 Reinbek.

Heinrich Hemme, geboren 1955, ist Professor für Physik und Technische Optik an der Fachhochschule Aachen. Er hat bereits zahlreiche Bücher über Denksportaufgaben veröffentlicht. Die hier zusammengestellten Kopfnüsse und Knobeleien entstammen der Kolumne «Preisrätsel für Denker» des Wissenschaftsjournals «bild der wissenschaft».

Heinrich Hemme

Mensch, ärgere dich nicht

72 Kopfnüsse und
Knobeleien
für jede Gelegenheit

Mit Illustrationen von
Matthias Schwoerer

Rowohlt Taschenbuch Verlag

rororo science
Lektorat Angelika Mette

2. Auflage Februar 2004

Originalausgabe
Veröffentlicht im Rowohlt Taschenbuch Verlag,
Reinbek bei Hamburg, Juni 2003

Fachliche Beratung der Reihe Eva Ruhnau,
Humanwissenschaftliches Zentrum,
Ludwig-Maximilians-Universität, München
Redaktion Susmita Arp
Umschlaggestaltung any.way, Barbara Hanke
Satz aus der Adobe Garamond PostScript PageMaker
bei Pinkuin Satz und Datentechnik, Berlin
Druck und Bindung Clausen und Bosse, Leck
Printed in Germany
ISBN 3 499 61575 4

Die Schreibweise entspricht den Regeln
der neuen Rechtschreibung.

Inhalt

Vorwort

Mathematische Denksportaufgaben hat es zu allen Zeiten und in allen Ländern gegeben. Manche Knobeleien, die noch heute an Kneipentischen und auf Familienfeiern für unterhaltsames Kopfzerbrechen sorgen, sind schon vor Jahrtausenden mit Keilschrift auf Tontäfelchen oder mit Hieroglyphen auf Papyrus für die Nachwelt aufgezeichnet worden.

Viele Menschen finden Mathematikaufgaben quälend und langweilig, mathematische Knobeleien dagegen ausgesprochen reizvoll. Mathematikaufgaben riechen nach Schule; der einzige Zweck von Knobeleien ist es, zu unterhalten.

Eine ungewöhnliche Einkleidung kann aus einer langweiligen Rechenaufgabe eine reizvolle Denkspielerei machen, wie das folgende «antike» Beispiel zeigt. Metrodorus erfand im fünften Jahrhundert ein Rätsel über den griechischen Mathematiker Diophantus: «Wanderer, unter diesem Stein ruht Diophant. Oh, großes Wunder, die Wissenschaft zeigt dir die Dauer seines Lebens. Gott gewährte ihm die Gunst, den sechsten Teil seines Lebens jung zu sein. Ein Zwölftel dazu, und er ließ bei ihm einen schwarzen Bart sprießen. Ein Siebtel später war der Tag seiner Hochzeit, und im fünften Jahr ging aus dieser Verbindung ein Sohn hervor. Ach, bedauernswerter Jüngling: Er bekam die Kälte des Todes zu spüren, als er nur halb so alt war, wie sein Vater schließlich wurde. Vier Jahre danach fand dieser dann Trost für seinen Schmerz, und mit dieser Weisheit schied er aus dem Leben. Wie lange währte es?»

Wir haben Metrodorus' Idee aufgegriffen und zweiundsiebzig

Probleme in kleine Geschichten gekleidet und illustriert. Die meisten dieser Aufgaben erschienen zwischen 1990 und 2002 als «Preisrätsel für Denker» in der Zeitschrift «bild der wissenschaft». Da sie dort Monat für Monat auf reges Interesse stießen, haben wir uns entschlossen, einige davon als Buch herauszugeben.
Wir wünschen viel Spaß beim Knobeln!

Heinrich Hemme
Matthias Schwoerer

Das magische Dreieck

An einem nebeligen Dezembernachmittag wollte ich zusammen mit meiner ältesten Tochter meinen Bruder in Osnabrück besuchen. Wegen des schlechten Wetters nahmen wir die Bahn.
Als der Zug den Bahnhof verließ, setzte sich Christina ihren Walkman auf, sah geistesabwesend durch mich hindurch und trommelte mit den Fingern auf ihrer Armlehne im Takt der Musik. Es schien für mich keine besonders unterhaltsame Fahrt zu werden. Seufzend nahm ich mir ein Buch aus der Tasche und begann zu lesen.
Bis Dortmund sprach Christina kein Wort, dann schüttelte sie auf einmal ihren Walkman: «Mist! Die blöden Batterien sind leer.» Sie nahm den Kopfhörer ab und starrte gelangweilt aus dem Fenster, durch das es nichts mehr zu sehen gab, denn inzwischen war es dunkel geworden, und durch den Nebel sah man nicht einmal mehr die Lichter der Autos und Häuser.
Ich legte mein Buch zur Seite und versprach, dass wir in Osnabrück neue Batterien kaufen würden. Wir begannen uns zu unterhalten und wurden dabei immer alberner.
«Papa, weißt du, wie viele Beine ein Pferd hat?», fragte Christina. «Vier natürlich», antwortete ich. «Was soll die Frage?» Sie grinste. «Falsch. Ein Pferd hat viel mehr Beine, nämlich zwei vorne, zwei hinten, zwei links, zwei rechts und an jeder Ecke eines, macht zusammen zwölf Beine.» Ich habe wohl ziemlich verwirrt ausgesehen, denn meine Tochter und die anderen Leute im Abteil brachen in Lachen aus.
Nun mischte sich eine ältere Dame in unser Gespräch und sagte

zu Christina: «Da du offensichtlich gut zählen kannst, habe ich auch eine Aufgabe für dich, die aber keine Scherzfrage ist.» Sie nahm einen Kugelschreiber aus ihrer Handtasche und zeichnete auf der Rückseite eines Fahrplans ein Dreieck, das sie durch einige Linien in mehrere Felder unterteilte. Sie gab Christina die Skizze und fragte: «Wie viele Dreiecke gibt es in dieser Zeichnung?»

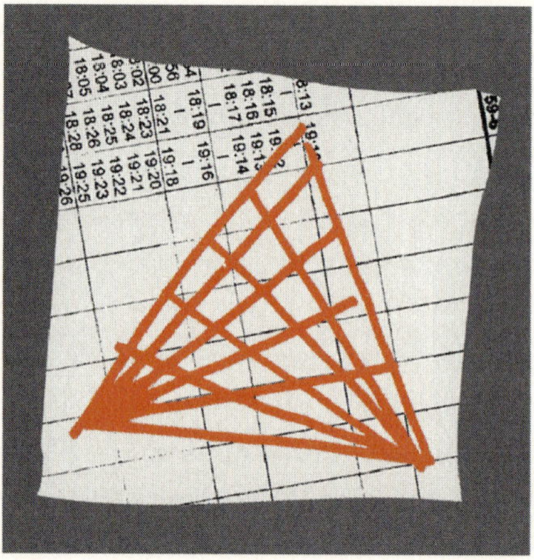

Meine Tochter betrachtete das Dreieck einen Moment: «Ist doch total easy!» Doch die Zahl, die sie nannte, war leider falsch. «Gib mir mal den Fahrplan», sagte ich, zählte sorgfältig die Dreiecke und kam auf eine etwas höhere Zahl. «Immer noch zu niedrig», war die Antwort der Dame. Dann verriet sie uns die tatsächliche Anzahl, die zu unserem Erstaunen viel größer war.
Wissen Sie, wie viele Dreiecke es in der Figur gab?

Mensch, ärgere dich nicht!

Unser Haus steht am Ende einer ruhigen Sackgasse, deren Wendepunkt ein beliebter Spielplatz für die Kinder ist. Als ich am Samstagnachmittag das Geschirr abwusch, konnte ich durch das Fenster meine Tochter Christina mit ihren Freundinnen beobachten. Die Mädchen hatten sich mit Straßenmalkreide ein riesiges Mensch-ärgere-dich-nicht-Spiel auf das Pflaster gemalt. Als Spielsteine hatten sie sich von der Baustelle gegenüber weiße Ziegelsteine geholt und mit farbiger Kreide angemalt. Nur der Würfel, mit dem sie spielten, hatte die gewöhnliche Größe und passte nicht zu den Ausmaßen des Spiels.
Als ich mit dem Abwasch fertig war, suchte ich mir Pappe, Schere und Klebstoff zusammen und bastelte für die Mädchen einen passenden Würfel von dreißig Zentimetern Kantenlänge. Mit einem dicken Filzstift malte ich Augen auf den Würfel. Im Keller fand ich ein quadratisches Stück selbstklebende Buchfolie. Das Stück schien etwas zu klein zu sein, aber nachdem ich einige Zeit herumprobiert hatte, entdeckte ich eine Möglichkeit, wie ich die gesamte Würfeloberfläche mit der Folie bekleben konnte. Ich brauchte dazu nur aus der quadratischen Folie einige Stücke herauszuschneiden, die ich wegwerfen konnte. Dann ließ sich mit dem verbleibenden, zusammenhängenden Stück der gesamte Würfel bekleben. Die Folie reichte gerade eben aus. Wäre der Würfel auch nur eine Winzigkeit größer gewesen, hätte sie nicht gepasst.
Welche Seitenlänge hatte das quadratische Stück Folie?

Die perfekte Dartscheibe

Mein Vetter Rudi bewirtschaftet einen kleinen Bauernhof in der Lüneburger Heide. Als ich ihn das letzte Mal besuchte, entdeckte ich an der Rückwand seiner Scheune mehrere Dutzend aufgemalter Zielscheiben. Ich sah sie mir genauer an und stellte fest, dass auf jede Scheibe nur ein einziges Mal geschossen worden war und jede Kugel genau ins Zentrum getroffen hatte.

Beim Abendessen sprach ich Rudi darauf an, was er für ein guter Schütze sei. Er grinste. «Das ist alles nur eine Frage der Reihenfolge. Wenn man zuerst die Scheibe an die Wand malt und dann darauf schießt, ist es natürlich ziemlich schwierig. Ich mache es einfach umgekehrt.»

Nach dem Essen fragte Rudi, ob ich Lust auf einige Runden Darts hätte. Ich stimmte zu, und mein Vetter erklärte mir die Regeln: «Ein Dartboard hat zwanzig tortenstückförmige Felder,

die mit Punktzahlen von 1 bis 20 bewertet sind. Wir werfen immer abwechselnd drei Pfeile auf die Scheibe. Wer zuerst genau 301 Punkte erreicht, hat gewonnen. Es ist ganz einfach und eigentlich nur eine Frage der Reihenfolge: Du musst dich zuerst mit hohen Punktzahlen schnell an das Ziel heranarbeiten und dann mit kleinen Schritten genau auf 301 Punkte kommen.»

Anfangs hatte ich Mühe, überhaupt die Scheibe zu treffen, aber nach einiger Zeit lief es ganz gut. Allerdings gelang es mir nur selten, den Pfeil gezielt in ein ganz bestimmtes Feld zu werfen. Ich brauchte möglichst viele Punkte und versuchte, mit meinen drei Pfeilen das Zwanzigerfeld zu treffen, aber sie landeten alle in den beiden Nachbarfeldern, die nur 1 oder 5 Punkte brachten. Rudi lachte. «Das ist eine Frage der Reihenfolge. Die Felder sind so auf der Scheibe angeordnet, dass kleine Fehler große Auswirkungen haben. Aber falls es dich tröstet: Es könnte noch schlimmer sein. Zwei benachbarte Felder sollten eine möglichst große Punktedifferenz haben. Bestimmt man nun alle Differenzen zwischen den benachbarten Feldern, wobei immer die kleinere Zahl von der größeren abgezogen wird, und zählt anschließend die zwanzig Differenzen zusammen, so erhält man die Differenzensumme der Scheibe. Sie sollte bei einem optimalen Brett so groß wie möglich sein. Bei einer gewöhnlichen Scheibe beträgt sie 198. Das ist aber nicht das Optimum.»

Wie groß wäre die Differenzensumme bei einem optimalen Dartboard?

Landratten auf hoher See

Vor einigen Monaten heiratete Karl eine reiche Witwe und hängte seinen Beruf als Vertreter für Friseurbedarf an den Nagel. Er ist aus unserem Fußballverein ausgetreten und spielt nun Golf. Seine drei Zwergkaninchen hat er gegen Rennpferde eingetauscht, und vor zwei Wochen lag sein Schlauchboot auf dem Sperrmüll, denn er hatte sich eine Segelyacht angeschafft.

«Meine Yacht liegt in Saint-Tropez. Nehmt euch ein paar Tage Urlaub und macht mit mir einen Segeltörn durchs Mittelmeer. Alles geht natürlich auf meine Rechnung», sagte Karl großspurig zu Dieter und mir.

Drei Tage später gingen wir an Bord. Karl breitete an Deck eine große Seekarte aus und sagte: «Zuerst segeln wir an der Küste entlang bis nach Saint-Raphaël, von dort aus zur Westspitze dieser kleinen Insel und dann zurück nach Saint-Tropez.» Karl zeichnete mit einem Zirkel einige Bögen in die Karte und erklärte, dass die drei Streckenabschnitte unseres Törns gleich lang seien.

Als wir ablegten, stellte sich heraus, dass Karl, genau wie ich, noch nie auf einem Segelboot gewesen war und Dieter als Einziger etwas vom Segeln verstand. Und nun musste er mit Hilfe von uns beiden Landratten die Yacht irgendwie durch das Mittelmeer manövrieren.

Als wir schließlich nach Stunden wieder in den Hafen von Saint-Tropez zurückkehrten, fragte Dieter, wie lange der Törn eigentlich gedauert habe. «Als wir drei Viertel der gesamten Strecke geschafft hatten, habe ich auf die Uhr gesehen. Da waren wir gerade dreieinhalb Stunden unterwegs, aber ich erinnere mich leider nicht mehr, wie spät es war», sagte ich. Karl meinte: «Ich weiß noch, dass wir für die letzten drei Viertel der Strecke viereinhalb Stunden gebraucht haben.» – «Und ich erinnere mich, dass wir auf dem zweiten Streckenabschnitt zehn Minuten länger unterwegs waren als auf dem ersten», fügte Dieter hinzu. «Wir hatten wahrscheinlich auf jedem Streckenabschnitt eine andere Geschwindigkeit, aber innerhalb eines Abschnitts sind wir sicherlich immer gleich schnell gesegelt. Also müssten wir doch die Zeit ausrechnen können.» Doch wir waren alle viel zu müde, um noch komplizierte Berechnungen anzustellen, und so erfuhren wir nie, wie viele Stunden wir auf dem Meer gewesen waren.

Wissen Sie, wie lange der Segeltörn gedauert hatte?

Puzzeln mit Strategie

Zu ihrem dreizehnten Geburtstag schenkte ich meiner Tochter ein Puzzle, das aus tausend Teilen bestand und den Hamburger Hafen zeigte. Christina ist eine begeisterte Puzzlerin.

Ich beobachtete, wie sie ihr neues Puzzle zusammensetzte. Sie ging immer nach der gleichen Strategie vor: Zuerst schüttete sie sämtliche Teile auf den Tisch und drehte sie mit der Bildseite nach oben. Dann setzte sie die vier Randreihen des Puzzles zusammen und verband sie. Im nächsten Schritt puzzelte sie aus mehreren Teilen kleine Blöcke, die sie später als Ganzes in den Rahmen einfügen konnte.

Ich fragte mich beim Zusehen, was wohl die optimale Strategie sei, um mit möglichst wenigen Zügen das Puzzle zusammenzusetzen. Mit einem Zug meine ich das Zusammenfügen zweier Blöcke. Aus wie vielen Teilen jeder der beiden Blöcke besteht, spielt dabei keine Rolle: Es können sowohl einzelne Teilchen sein als auch zwei, drei oder sogar Dutzende und Hunderte. Natürlich zählt es auch als Zug, wenn man zwei Blöcke zu einem größeren Block zusammenfügt.

Es erschien mir einleuchtend, dass man wesentlich mehr Züge braucht, wenn man das Puzzle Reihe für Reihe aufbaut und immer nur ein einzelnes Teilchen anfügt, als wenn man erst einzelne Teile zu Blöcken zusammensetzt, diese wiederum zu größeren Blöcken usw., bis man schließlich die größten Blöcke zum gesamten Bild verbindet. Ich konnte jedoch nicht herausbekommen, welches Verfahren wirklich das beste ist und wie viele Züge wenigstens gebraucht werden.

Können Sie sagen, wie viele Züge man mindestens benötigt, um ein tausendteiliges Puzzle komplett zusammenzusetzen?

Gut geschätzt ist halb gewonnen

«Etwas abzählen, mit einer Waage abwiegen oder mit einem Zollstock abmessen, das kann jeder, aber eine Anzahl, ein Gewicht oder eine Länge möglichst genau zu schätzen, ist eine Kunst, die nur wenige beherrschen», philosophierte Alfred, ein Tischler aus meiner Nachbarschaft, als ich mit ihm in der Dorfkneipe zusammensaß. «Der Meister aus meiner Lehrzeit predigte uns: ‹Jungs, ein Handwerker muss schätzen können. Ihr habt nicht immer die Zeit, alles genau abzumessen. Also übt euer Augenmaß, wann immer ihr Gelegenheit dazu habt.› Er selbst beherrschte diese Kunst perfekt. Mit einem Blick konnte er die Höhe eines Hauses auf einen Viertelmeter genau bestimmen, und gab man ihm einen Stein in die Hand, so nannte er sofort das richtige Gewicht bis auf wenige Gramm genau.»
«Ich kann leider überhaupt nicht gut schätzen und habe noch dazu kein sehr gutes Zahlengefühl», erwiderte ich. «Wenn jemand behaupten würde, die Linde vor der Tür sei drei Meter hoch, und ein anderer, sie habe eine Höhe von fünfzig Metern, so könnte ich nicht entscheiden, wer von beiden Recht hätte.»
«Das geht vielen so», tröstete Alfred mich. «Ich konnte es vor meiner Lehrzeit auch nicht besser, aber mein Meister hat es immer wieder mit uns geübt. Eines Tages stellte er zum Beispiel eine Pappschachtel auf die Hobelbank und sagte: ‹Jeder von euch darf einmal schätzen, wie viele Nägel in dieser Schachtel sind. Wer mit seinem Schätzwert am nächsten an der tatsächlichen Zahl liegt, bekommt von mir eine Mark. Es darf keiner die Zahl eines anderen sagen, und bei einem Unentschieden behalte

ich das Geld.› Der Jüngste von uns sagte, ohne lange nachzudenken: ‹149.› Ein anderer meinte, es seien 285 Nägel, und der Dritte schätzte 231 Nägel. Ich selbst konnte mich nur schwer für eine Zahl entscheiden, denn ich hielt jeden Wert zwischen 200 und 280 für gleich wahrscheinlich. Weniger als 200 oder mehr als 280 allerdings hielt ich für ausgeschlossen.»

Alfred nahm einen Schluck Bier und wischte sich mit dem Handrücken den Schaum von den Lippen.

«Welche Zahl hast du denn dann genannt?», wollte ich wissen.

Listig lächelnd antwortete er mir: «Nach etwas Grübeln habe ich mich für die Zahl entschieden, mit der ich die größte Chance hatte, die Mark zu gewinnen.»

Wissen Sie, welche Zahl Alfred genannt hat?

Die drei klugen Enkelinnen

Mein Auto war in der Werkstatt, und ich hatte noch einen wichtigen Termin bei einem Anwalt in Gölenkamp. Also musste ich die dreißig Kilometer mit dem Bus zurücklegen.
Es war schon ziemlich voll, aber ich fand noch eine Sitzbank für mich allein und machte es mir mit meiner Zeitung bequem. Doch mit der Bequemlichkeit war es schnell vorbei. An der nächsten Haltestelle stieg eine übergewichtige ältere Dame mit zwei großen Einkaufstaschen ein und setzte sich neben mich. Ich war nun zwischen dem Fenster und den Taschen eingeklemmt und konnte mich kaum noch rühren – geschweige denn Zeitung lesen.
Die Dame versuchte, ein Gespräch mit mir anzufangen, aber ich war etwas verstimmt und gab ihr nur einsilbige Antworten. Ob ich auch nach Gölenkamp führe und ob ich von dort sei, wollte sie wissen. Dann begann sie, von ihrer Tochter zu erzählen, die dort mit ihrer Familie wohne.
Schließlich kramte sie ein Foto hervor und sagte: «Schauen Sie, das sind meine drei Enkeltöchter. Sind sie nicht hübsch?» Ich wollte nicht länger so unhöflich sein und nahm das Foto in die Hand. «Es sind wirklich hübsche Mädchen», sagte ich. Begeistert fuhr sie fort: «Und sie sind noch so jung. Anna, die Älteste, ist noch nicht einmal volljährig, und Britta und Christina sind zusammen gerade halb so alt wie Anna.» Die Dame war sichtlich stolz auf ihre Enkelinnen. «Und klug sind sie auch. Gestern sagte Christina am Telefon zu mir: ‹Oma, wenn man mein Alter mit Brittas Alter malnimmt, bekommt man Annas Alter heraus.›»

Gerade als ich fragen wollte, wie alt die Mädchen denn seien, musste der Busfahrer eine Vollbremsung machen, weil ein Mopedfahrer aus einer Einfahrt kam. Die Dame hatte unser Gespräch und ihre Enkelinnen vergessen und klagte die restliche Fahrt nur noch über die Rücksichtslosigkeit von Motorradfahrern.

Wissen Sie, wie alt die drei Mädchen waren? Die Altersangaben sollen dabei alle ganzzahlig angenommen werden.

Barbarossas Park

Wenn ich morgens mit dem Auto zur Arbeit fahre, muss ich im Berufsverkehr die ganze Stadt durchqueren und komme schon erschöpft an. Darum parke ich meinen Wagen meist nicht vor der Firma, sondern fahre noch ein wenig weiter bis zum Eingang eines kleinen Parks.

Dieser Park ist rechteckig und wird von vier belebten Straßen umschlossen, aber in seinem Inneren ist es angenehm ruhig. Es gibt dort einen kleinen Platz, von Bänken umsäumt, mit einem gotischen Brunnen, auf dem ein steinerner Friedrich Barbarossa thront. Von den vier Ecken des Parks laufen geradlinig Wege auf diesen Platz zu.

Meine Firma liegt an der Nordwestecke des Parks, und ich stelle mein Auto, je nachdem, wo ich gerade Platz finde, entweder an der Südwest- oder an der Südostecke ab. Dann gehe ich von der jeweiligen Parkecke zum Platz mit dem Brunnen und von dort aus weiter zur Nordwestecke. Es ist nur ein kurzer Spaziergang – ich brauche zwei Minuten von der Südwestecke oder sechs Minuten von der Südostecke bis zum Brunnen und sieben Minuten vom Brunnen bis zur Nordwestecke –, aber ich komme entspannt in der Firma an.

In der letzten Woche jedoch wäre ich beinahe zu spät gekommen. Als ich den Brunnen erreichte und in den Weg zur Nordwestecke biegen wollte, stand dort ein Schild: «Wegen Baumarbeiten gesperrt.» Deshalb nahm ich den Weg zur Nordostecke. Ich hatte allerdings die Entfernung unterschätzt, und da ich, nachdem ich den Park verlassen hatte, auch noch an seiner gesamten Nordseite entlanggehen musste, erreichte ich erst in letzter Minute meinen Arbeitsplatz.

Wissen Sie, wie lange ich vom Brunnen bis zur Nordostecke des Parks unterwegs war? Sie dürfen davon ausgehen, dass ich immer mit der gleichen Geschwindigkeit gehe.

Domino für Fortgeschrittene

Ich fuhr mit dem Nachtzug nach Mainz, um meine Cousine zu besuchen. Außer mir saß in dem Abteil nur ein älterer Herr, der seit Stunden in ein Buch vertieft war.
«Ihre Fahrausweise, bitte!» Aufgeschreckt durch den Schaffner, begann mein Gegenüber, hektisch in seinen Taschen zu kramen, bis er schließlich seinen Fahrschein fand. Dabei fiel sein Buch zu Boden. Ich hob es für ihn auf und sah, dass es von Dominoproblemen handelte. Der Mann schien mich jetzt zum ersten Mal wahrzunehmen. Er bedankte sich und erklärte: «Ich habe dieses Buch heute Nachmittag in einem Antiquariat in Köln gefunden.

Es enthält viele wunderbare Dominoknobeleien. Möchten Sie vielleicht eine sehen?» Ich nickte.
Nun zog er zwei Dominosteine aus seiner Jacketttasche und legte sie nebeneinander auf das kleine Tischchen unter dem Fens-

ter. «Schauen Sie, bei diesen beiden Dominosteinen liegen vier Felder in einer Reihe. Zählt man die Augenzahlen von beliebig vielen, direkt nebeneinander liegenden Feldern zusammen, so kann man jede Zahl von 1 bis 9 bilden.» Er rechnete es mir vor:

1 = 1	4 = 1 + 3	7 = 1 + 3 + 3
2 = 2	5 = 3 + 2	8 = 3 + 3 + 2
3 = 3	6 = 3 + 3	9 = 1 + 3 + 3 + 2

«Die 3 hätte nicht aus der 1 und der 2 gebildet werden können, denn die Felder mit diesen Augenzahlen liegen nicht direkt nebeneinander. Eine längere Reihe als die von 1 bis 9 ist mit zwei Dominosteinen nicht möglich.»

Der Mann griff noch einmal in seine Tasche und legte eine Hand voll weiterer Dominosteine auf das Tischchen. «Es gibt insgesamt achtundzwanzig verschiedene Dominosteine, deren Felder zwischen null und sechs Augen haben. Jede mögliche Kombination kommt einmal vor», erklärte er mir. «Suchen Sie sich nun drei Dominosteine heraus, und legen Sie sie so in eine Reihe, dass die Summe der Augen von beliebig vielen direkt nebeneinander liegenden Feldern jede Zahl von 1 bis zu einer möglichst großen Zahl ergeben kann. Wie groß kann diese Maximalzahl höchstens sein?»

Ich war etwas ratlos und probierte eine Zeit lang ohne Erfolg mit den Steinen herum. Glücklicherweise erreichte der Zug einige Minuten später Ingelheim, wo mein Mitreisender ausstieg und mich erlöste.

Kennen Sie die größtmögliche Zahl?

Rätselhafte Schaltjahre

An einem verregneten Samstagnachmittag machte ich mich daran, meinen Dachboden aufzuräumen. Es ist immer wieder überraschend, was man dabei für Schätze entdecken kann. So stieß ich in der hintersten Ecke unter einem Stapel alter Zeitschriften auf einen Schuhkarton mit den Tagebüchern meines Großvaters. Ich nahm einen Band heraus und begann zu lesen. Die Tinte war ein wenig verblasst, und ich hatte anfangs Mühe mit den Sütterlinbuchstaben. Doch bald hatte ich mich festgelesen, und ehe ich mich versah, war der halbe Nachmittag herum.

Ich entdeckte eine Eintragung in den Tagebüchern, über die ich schon als Kind mit meinem Großvater diskutiert hatte:

«Am Nachmittag war ich mit Albert, Heinrich und Wilhelm im Biergarten. Die drei wollten mein logisches Denkvermögen testen. Zuerst sagte Albert: ‹Alle drei Jahre ist ein Schaltjahr, und wir schreiben das Jahr 1916. Was Wilhelm über mich sagen wird, ist falsch. Wir leben im 20. Jahrhundert.› Darauf meinte Heinrich: ‹Wir haben schon über sechs Jahre kein Schaltjahr mehr gehabt. Wilhelms dritte Behauptung wird falsch sein. Albert sagt immer die Wahrheit, und dies ist das Jahr 1908.› Schließlich sprach Wilhelm: ‹Heinrichs erste Aussage ist falsch, und wir haben nicht das Jahr 1920. Alberts erste Aussage ist falsch, und auch Heinrichs dritte Aussage ist falsch.› Später stellte sich heraus, dass jeder meiner drei Freunde mindestens einmal gelogen und mindestens einmal die Wahrheit gesagt hatte.»

Wissen Sie, aus welchem Jahr die Tagebucheintragung meines

Großvaters stammt? Falls Ihnen das Problem unlösbar erscheint, schlagen Sie doch einmal die Schaltjahresregel im Lexikon nach.

Das Haus vom Nikolaus

Meine Frau und ich waren nach Köln gefahren, um uns die berühmten Kirchen der Stadt anzusehen. Natürlich begannen wir unsere Tour mit dem Dom, und es war fast schon Mittag, als wir aus dem Dämmerlicht der Kirche auf den sonnigen Vorplatz traten. Die nächste Kirche auf unserem Programm war St. Aposteln. Ich kramte meinen Stadtplan hervor und stellte fest, dass der kürzeste Weg durch eine Einkaufsstraße führte. Wir machten uns auf den Weg.

In der Fußgängerzone entdeckte meine Frau ein Geschäft nach dem anderen, in das sie einen «kurzen Blick» werfen wollte. Fast zwei Stunden später kamen wir an einem kleinen Restaurant vorbei, und ich brauchte dringend eine Pause. Wir vereinbarten, dass meine Frau sich noch die Boutique gegenüber ansehen und mich in einer halben Stunde in dem Restaurant abholen sollte.

Ich hatte bereits gut gegessen und ein paar Kölsch getrunken, als sich ein junger Mann zu mir setzte, der offenbar auch auf jemanden wartete, und wir kamen ins Gespräch.

Während wir uns unterhielten, kritzelte er die ganze Zeit auf seinem Bierdeckel herum. Unauffällig schielte ich auf den Deckel. Er zeichnete immer wieder das «Haus vom Nikolaus», und jedes Mal gelang es ihm, es in einem Zug zu zeichnen, ohne den Stift dabei abzusetzen. Trotzdem zog er die acht Striche immer in einer anderen Reihenfolge. «Wie viele verschiedene Möglichkeiten gibt es eigentlich?», fragte ich ihn und deutete auf seinen Bierdeckel. Er lachte: «Ich weiß es nicht; ich habe sie noch nie gezählt.»

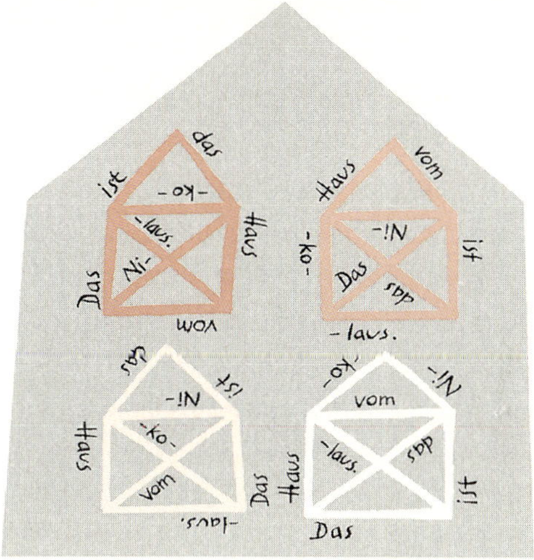

Wissen Sie, wie viele Möglichkeiten es gibt, das Haus vom Nikolaus in einem Zug zu zeichnen? Dabei sollen Wege, die gleich sind, außer dass man sie in umgekehrter Reihenfolge durchläuft, nicht als verschieden gezählt werden. Zudem sollen die Wege nicht am Kreuzungspunkt der beiden Diagonalen abknicken.

Der verrückte Terrier

Letztes Wochenende feierte das Musikkorps unseres Dorfes mit einem großen Fest sein 100-jähriges Bestehen. Auf dem Platz vor der Kirche war ein Bierstand aufgebaut worden, ein Karussell für die Kinder und ein großes Zelt, in dem bis spät in die Nacht getanzt wurde. Der Höhepunkt des Wochenendes aber war der große Festumzug am Sonntagnachmittag.
Es hatten sich bereits viele Bewohner auf dem Kirchplatz versammelt. Doch bevor es endlich losgehen konnte, gab es noch eine lange Reihe von Festreden.
Als schließlich auch die letzte ein Ende hatte, rief der Tambourmajor die Musiker zusammen, und sie stellten sich zu einer quadratischen Formation auf. Auf ein Zeichen setzte sich die Kapelle mit lauter Marschmusik in Bewegung. Ich hatte von der Terrasse des Gasthofes einen guten Überblick und konnte beobachten, wie sie in die Dorfstraße einbogen, die zu beiden Seiten dicht von Menschen gesäumt war. An der hinteren linken Ecke des Zuges marschierte mein Nachbar und schlug die Pauke. Neben ihm trottete sein Hund Zerberus, ein kleiner Terrier. Doch plötzlich – ohne ersichtlichen Grund – rannte Zerberus laut bellend los. Er überholte den Zug, rannte vor den Musikern her, dann auf der rechten Seite wieder nach hinten und schließlich entlang der letzten Reihe zurück zu seinem Herrchen. Dort trabte er weiter an dessen Seite, als ob nichts geschehen wäre.
Allmählich begann mich die Marschmusik zu langweilen, und meine Gedanken schweiften ab. Ich überlegte, wie lang wohl der Weg gewesen war, den der Hund bei seiner Umrundung des

Korps zurückgelegt hatte. Ich schätzte die Seitenlänge der Formation auf 9 m und die Marschgeschwindigkeit auf 4 km/h. Zerberus, der immer ganz dicht neben den Musikern hergelaufen war, hatte nach meiner Schätzung eine Geschwindigkeit von 5 km/h. Leider gelang es mir nicht, das Problem im Kopf zu lösen.

Wissen Sie, wie lang Zerberus' Runde war?

Wer wird Deutscher Meister?

Markus, der älteste Sohn meines Nachbarn, hat vor einem Vierteljahr Abitur gemacht. Am letzten Sonntag war er dann mit seinem voll gepackten Auto nach Paderborn aufgebrochen, um dort Elektrotechnik zu studieren. Kurz darauf saß er wieder zu Hause im Garten, verschanzt hinter einem Stapel Bücher.

Ich trat an den Zaun und fragte, wie die erste Woche gewesen sei. «Super! Wir hatten noch nicht viel zu tun», antwortete er und kam näher. «Wir hatten nur eine Einführungsvorlesung bei Professor Cambeis. Elektrotechnik sei in hohem Maße ein mathematisches Studium, erklärte er uns. Deshalb müssten wir in den ersten Semestern sehr viel Mathematik lernen. Wir sollten einmal darauf achten, was man selbst im Alltagsleben alles mit Mathematik anfangen könne. Sogar beim Fußball tauche sie auf.» Ich sah ihn etwas ungläubig an.

«Haben Sie sich schon einmal überlegt, welches die kleinste Punktzahl ist, mit der ein Bundesliga-Fußballverein Deutscher Meister werden kann?» Das hatte ich natürlich nicht, denn ich verstehe überhaupt nichts vom Fußball. Markus erklärte mir: «Die Bundesliga hat achtzehn Vereine. In jeder Saison spielt jeder Verein zweimal gegen jeden anderen. Das ergibt insgesamt 306 Spiele. Für ein gewonnenes Spiel bekommt ein Verein drei Punkte, für ein Unentschieden einen Punkt und für ein verlorenes Spiel keinen. Der Verein, der am Ende der Saison die meisten Punkte hat, wird Deutscher Meister. Haben mehrere Mannschaften gleich viele Punkte, so wird der Meister unter ihnen nach der Tordifferenz ermittelt, und ist auch diese noch gleich,

aus der Anzahl der geschossenen Tore. Angenommen, jedes Spiel einer Saison endet unentschieden, dann hat jeder Verein und somit auch der Deutsche Meister am Ende nur 34 Punkte.»
Wenn dies auch recht unwahrscheinlich war, so hatte er doch Recht. «Die drei Vereine mit der kleinsten Punktzahl steigen ab. Haben mehrere Mannschaften gleich viele Punkte, so wird der Absteiger unter ihnen nach der Tordifferenz ermittelt. Nun können Sie sich sicherlich leicht überlegen, wie groß die höchste Punktzahl ist, mit der eine Mannschaft noch absteigen kann.»
Ich hatte nicht die geringste Ahnung.
Wissen Sie die Lösung?

Überholmanöver

Neulich machte ich mit meiner Frau eine Fahrradtour, denn wir müssen beide etwas für unsere Fitness tun.

Wir radelten auf einer schwach befahrenen Straße entlang einer Bahnlinie, und ich trat kräftig in die Pedale, um meiner Frau zu demonstrieren, wie gut meine Kondition ist. Meine Frau schnaubte und ächzte, und ich merkte, dass sie große Mühe hatte, das Tempo zu halten. Doch sie sagte kein Wort.

Plötzlich hatte ich einen Plattfuß. «Das kommt von deiner Raserei», sagte meine Frau und radelte weiter. «Fahr ruhig vor, ich werde dich schon wieder einholen», rief ich ihr hinterher. Ich flickte den Schlauch, so schnell ich konnte. Dann schwang ich mich auf mein Rad und fuhr wieder los.

Nach kurzer Zeit überholte mich ein Zug. Mit der Uhr meines Tachos stoppte ich die Zeit, die der Zug brauchte, um an mir vorbeizufahren. Es waren 36 Sekunden. Ein Stück vor mir sah ich meine Frau radeln. Genau 18 Sekunden nachdem das Ende des Zuges mich passiert hatte, erreichte die Lokomotive meine Frau. Dann fuhren der Zug und meine Frau um eine Kurve, und ich verlor sie aus den Augen.

Einige Minuten später hatte ich meine Frau eingeholt und erzählte ihr von meinen Zeitmessungen. Doch auch sie hatte auf die Uhr gesehen und berichtete: «Nachdem der Zug mich überholt hatte, dauerte es noch genau vier Minuten, bis du wieder bei mir warst.» Ich konnte mir eine kleine Stichelei nicht verkneifen und sagte: «Jetzt möchte ich nur noch wissen, wie lange der Zug gebraucht hat, um an dir vorbeizufahren. Bei deinem Tempo können es doch höchstens einige Sekunden gewesen sein.»

Die nächste halbe Stunde sprach meine Frau kein Wort mit mir, und ich hatte genügend Zeit, darüber nachzudenken, wie lange der Zug gebraucht hatte, um meine Frau zu überholen. Doch ich konnte das Problem nicht lösen.

Wissen Sie es? Sie können davon ausgehen, dass meine Frau, der Zug und ich die ganze Zeit über konstante Geschwindigkeiten hatten.

Madame Futura

Am letzten Wochenende war ich mit einigen Freunden auf dem Jahrmarkt. Es war bereits spät am Abend, wir waren schon auf verschiedenen Karussells gewesen und hatten einige Biere getrunken, als wir an einem geheimnisvollen Zelt vorbeikamen. Über dem Eingang prangte ein riesiges Auge mit einer roten Pupille, von der nach allen Richtungen Strahlen ausgingen. «Wollen Sie in Ihre Zukunft sehen? Pro Person nur 10 Euro!», stand darunter. «Das ist etwas für dich. Du bist doch sonst immer so neugierig», feixten meine Freunde, und ehe ich mich versah, saß ich in dem Zelt Madame Futura gegenüber.
Sie war eine alte Frau mit langem schwarzem Haar und schweren goldenen Ohrringen. «Nun, junger Mann, soll ich Ihnen die Karten legen oder aus Ihrer Hand lesen?» Ich entschied mich für die Karten. Madame Futura nahm ein Päckchen Spielkarten, mischte es und legte einige Karten nebeneinander auf den Tisch. Es waren lauter Pikkarten. «Pik bedeutet Reichtum», erklärte sie. «Die Summe der Kartenwerte ergibt das Alter, in dem Sie zu viel Geld kommen werden.» Sie zählte die Werte der auf dem Tisch liegenden Karten zusammen. «Mit fünfzig Jahren werden Sie ein reicher Mann sein.» Mir fiel auf, dass die Karten auf dem Tisch direkt aufeinander folgende Werte hatten. Ich fragte Madame Futura, ob dies etwas zu bedeuten habe. «Nein», antwortete sie. «Aber aus der Anzahl der Karten kann man ersehen, wie viel Geld Sie bekommen werden.»
Wissen Sie, wie viele Karten Madame Futura auf ihrem Tisch ausgelegt hatte? Nehmen Sie dabei an, dass die Karten von Pik-

zwei bis Pikzehn auch die Werte von 2 bis 10 haben und dass das Ass, der Bube, die Dame und der König die Werte 1, 11, 12 und 13 besitzen.

Ein besonderer Rabatt

«Norbert hat morgen Geburtstag. Kannst du ein Geschenk für ihn besorgen?», bat mich meine Frau am Samstagmorgen. Und so machte ich mich nach dem Frühstück auf den Weg in die Stadt.

Ich hatte keine Ahnung, worüber Norbert sich freuen würde. Darum schlenderte ich in einem Kaufhaus durch die Regalreihen, in der Hoffnung, etwas Passendes zu entdecken.

Ein guter Wein vielleicht, eine CD, eine Krawatte? Nein, das war alles nicht das Richtige. Dann kam ich in die Buchabteilung, und mein Blick fiel auf einen Bildband über den Gardasee. Norbert hatte im vergangenen Jahr dort mit seiner Familie Urlaub gemacht. Er liest zwar nie, aber die Bilder würden ihm schon gefallen. Ich nahm den Band aus dem Regal und stellte mich in die Schlange an der Kasse. Da beinahe jeder Käufer sein Buch als Geschenk einpacken ließ, dauerte es lange, bis ich an die Reihe kam.

Ich gab der Kassiererin das Buch und einen Hunderteuroschein. «Haben Sie es nicht passend?», murmelte sie unfreundlich. Ich bedauerte, und da drückte sie mir auch schon mein Wechselgeld in die Hand und sprach den nächsten Kunden an. Ich steckte das Geld, ohne nachzuzählen, in die Jackentasche und war froh, aus dem Kaufhaus herauszukommen.

Als ich wieder zu Hause war und das Geld aus der Jackentasche nahm, um es ins Portemonnaie zu stecken, kam es mir zu viel vor. Ich zählte nach. Tatsächlich: Die Kassiererin hatte mir doppelt so viel und noch fünf Cent mehr an Wechselgeld gegeben,

als mir eigentlich zustand. Anscheinend hatte sie den Eurobetrag mit dem Centbetrag des Wechselgeldes vertauscht.
Wissen Sie, wie teuer der Bildband war?

Weihnachtssterne im Frühjahr

Als ich vor ein paar Tagen abends von der Arbeit nach Hause kam, sagte meine Frau: «Christina sitzt immer noch an ihren Hausaufgaben.»

Ich ging in ihr Zimmer und sah, dass sie mit Schere, Klebstoff und farbigem Karton etwas bastelte. «Ich dachte, du machst deine Hausaufgaben», begrüßte ich sie. «Mache ich auch. Wir müssen Weihnachtssterne für den Matheunterricht basteln», antwortete Christina. Ich wunderte mich, wozu sie Weihnachtssterne im Frühjahr machen sollten. Christina verdrehte die Augen. «Wir sollen keinen Weihnachtsschmuck basteln, sondern etwas über Sternpolyeder lernen.» Und sie erklärte mir auch gleich,

was das ist. «Sternpolyeder erhält man, wenn man auf die Seitenflächen von konvexen Polyedern Pyramiden klebt. Wenn du beispielsweise auf jede der sechs Flächen eines Würfels eine Pyramide mit einer quadratischen Grundfläche klebst, ergibt das einen wunderschönen Weihnachtsstern mit sechs Zacken.» Christina gab mir eine ihrer Bastelarbeiten, und ich musste ihr Recht geben.
Sie fragte, ob ich nun verstanden hätte, was Sternpolyeder sind. Ich nickte. «Gut, dann machen wir einen Test», meinte meine Tochter. «Ein regelmäßiges Tetraeder hat vier gleiche gleichseitige Dreiecke als Seitenflächen. Setzt du auf diese Seitenflächen lauter gleiche Pyramiden mit dreieckiger Grundfläche, bekommst du einen vierzackigen Stern. An jeder Kante des Tetraeders stoßen zwei Seitenflächen von zwei Zacken zusammen. Nun stell dir mal vor, die Pyramiden wären alle gerade so hoch, dass die aneinander stoßenden Flächen nicht einen Winkel einschließen, sondern jeweils in einer Ebene liegen. Aus zwei dreieckigen Flächen wird dann immer eine viereckige. Kannst du mir folgen?» Ich nickte erneut. «Gut. Dann sage mir jetzt, wie der übliche deutsche Ausdruck für diesen besonderen Sternkörper ist!» Ich hatte keine Ahnung.
Wissen Sie es?

Beim zwölften Glockenschlag

Zweimal pro Jahr kriegen wir Besuch von Onkel Oskar. Er ist fast neunzig Jahre alt und lebt mit seinen Gedanken meistens in der Vergangenheit. Oft sitzt er im Schaukelstuhl und redet nur wenig. Aber wenn er doch einmal anfängt zu erzählen, hören ihm alle zu. So auch neulich.

«Ihr wisst ja, ich stamme aus einem Dorf im Emsland, wo die Kirche den Tagesrhythmus der Menschen bestimmte. Mein Leben lang wurde ich morgens um sechs Uhr durch das Angelusläuten geweckt, und wenn die Kirchturmuhr sieben schlug, verließ ich das Haus, um zur Arbeit zu gehen. Als Holzfäller arbeitete ich in den Wäldern rund um unser Dorf.»

Onkel Oskar sah mit träumerischem Blick in die Vergangenheit. Nach einer Weile fuhr er fort: «Eine Armbanduhr habe ich nie besessen, aber ich wusste immer, wie spät es war, denn man konnte bis weit über die Grenzen des Dorfes hinaus den Schlag der Kirchturmuhr hören. Mir reichte das, aber meine Frau hatte sich immer eine eigene Uhr gewünscht. Damals waren Uhren teuer, und so sparte ich lange, bis ich ihr zu ihrem vierzigsten Geburtstag eine kleine Standuhr schenken konnte.»
Onkel Oskar seufzte bei der Erinnerung an seine Frau. «Die Uhr hatte sogar einen Sekundenzeiger. Meine Frau war so glücklich mit ihrem Geschenk, dass sie sich immer wieder mit einem Stuhl vor die Uhr setzte und fasziniert beobachtete, wie der Sekundenzeiger mit winzig kleinen Schritten im Kreis hastete. Eines Morgens, als die Kirchturmuhr gerade sieben geschlagen hatte, sagte sie zu mir: ‹Die Uhr hat genau einundzwanzig Sekunden für die sieben Schläge gebraucht.› Als ich mittags im Wald den Kirchturm zwölf Uhr schlagen hörte, fiel mir wieder die Bemerkung meiner Frau ein, und ich überlegte, wie viel Zeit die Uhr wohl für die zwölf Schläge benötigte.»
Wissen Sie die Antwort?

Quadratzahlen am Pool

Zwei Wochen Gran Canaria und nur Sonne, Wasser und Faulenzen! So hatte ich mir meinen Urlaub vorgestellt. Ich lag am Swimmingpool und döste vor mich hin.
Plötzlich kam Christina und rüttelte an meiner Schulter: «Papa, verstehst du etwas von Quadratzahlen? Schau dir dies mal an!» Sie hielt mir eine Zeitung direkt vor die Nase.

Auf dem Rand der Zeitung standen in Blockschrift die beiden Wörter VIER und NEUN. «Dies ist eine Alphametik», erklärte sie. «Jeder Buchstabe steht für eine Ziffer. Gleiche Ziffern sind auch durch gleiche Buchstaben und verschiedene Ziffern durch verschiedene Buchstaben dargestellt. VIER und NEUN sind zwei vierstellige Quadratzahlen. Wie lauten sie?» Ich ließ mich wieder auf den Rücken fallen. «Ich habe mir schon gedacht, dass du damit überfordert bist», sagte Christina und stand auf. Das wollte ich nicht auf mir sitzen lassen.

Eine halbe Stunde lang knobelte ich an der Alphametik herum, dann sagte ich: «Die Aufgabe ist unlösbar.» Meine Tochter grinste. «Du hast Recht. Das hätte ich dir gar nicht zugetraut. Wenn ich dir den Wert von VIER nennen würde, könntest du NEUN lösen, und wenn ich den Wert von NEUN nennen würde, könntest du VIER lösen. Aber ich sage dir weder, was VIER, noch, was NEUN bedeutet. Trotzdem müsstest du deine Aufgabe jetzt lösen können.»

Ich konnte mit Christinas kryptischen Angaben nichts anfangen, deshalb legte ich mich mürrisch wieder hin und meinte, sie solle doch ihre Mutter fragen. «Habe ich schon. Sie hat nur zehn Minuten dafür gebraucht.» Dann sprang sie auf und verschwand.

Wissen Sie, welche beiden Quadratzahlen mit VIER und NEUN gemeint sind?

Münchhausens Hängebrücke

Neulich sollte meine Tochter für die Schule eine eigene Münchhausengeschichte schreiben und las sie uns beim Abendessen vor:
«Langsam und umständlich stopfte Baron Münchhausen sich seine Pfeife, zündete sie an und nahm genüsslich ein paar tiefe Züge. Dann blickte er in die gespannten Gesichter seiner Gäste und begann zu erzählen.
‹Im Herbst 1745 unternahm ich mit Graf Frensdorf, Baron Oorde und dem alten General von Blanke eine Expedition in das Innere des Schwarzen Kontinents. Wir fuhren mit dem Schiff bis zur Kongomündung, heuerten dort einheimische Träger an und zogen weiter Richtung Osten in den Dschungel.
Zuerst kamen wir schnell voran und wurden überall freundlich aufgenommen. Doch in den Mondbergen verließ uns das Glück. Zuerst starb einer der Träger durch einen Schlangenbiss, dann wurde ein zweiter hinterrücks mit einem Pfeil erschossen. Unsere Träger wollten umkehren, und als wir nicht einwilligten, verließen sie uns alle eines Nachts.
Als wir am Morgen allein und ohne Ausrüstung dastanden, blieb uns nichts anderes übrig, als auch umzukehren. In der Ferne hörte man Buschtrommeln, wir mussten an unseren erschossenen Träger denken und versuchten, so schnell wie möglich weiterzukommen. Doch die Trommeln kamen immer näher, und als es Nacht wurde, schienen sie unmittelbar hinter uns zu sein.›
Baron Münchhausen unterbrach seine Erzählung, um einen Schluck Wein zu nehmen. Dann fuhr er fort:

‹Gegen zehn Uhr abends kamen wir an einen reißenden Fluss. Glücklicherweise gab es eine Hängebrücke, aber die Seile waren so morsch, dass höchstens zwei von uns sie gleichzeitig betreten konnten. Sie war außerdem nur einen Fuß breit und an den Seiten nicht gesichert. Es hätte den sicheren Tod bedeutet, sie ohne Licht zu überqueren. Leider hatten wir nur eine einzige Laterne. Die Frage war nun: Welche Paare gehen zusammen über die Brücke, und wer bringt die Laterne zurück, sodass wir für die Flussüberquerung insgesamt möglichst wenig Zeit brauchen? Aus Erfahrung wusste ich, dass wir unterschiedlich schnell waren. Ich war der Jüngste und Sportlichste von uns und am schnellsten. Graf Frensdorf brauchte doppelt so lange, Baron Oorde viermal und General von Blanke sogar fünfmal so lange. Doch ich fand schnell die optimale Aufteilung.
Als gerade der Letzte von uns die Brücke verließ, tauchten am anderen Ufer bewaffnete Krieger auf. Rasch kappten wir die Seile, und die Brücke stürzte in den Fluss.›»
Christina klappte ihr Heft zu und fragte uns: «Angenommen, Baron Münchhausen brauchte für eine Flussüberquerung zwei Minuten, wie lange hat dann die gesamte Flussüberquerung aller vier Reisenden gedauert?»
Wissen Sie es?

Der Mann, der Münchhausen belog

Was meine Tochter kann, kann ich auch, dachte ich mir und begann ebenfalls, eine Münchhausengeschichte zu erzählen:
«Meine Herren, habe ich Ihnen jemals von meiner Reise nach Kreta berichtet?» Baron Münchhausen sah fragend in die Runde. «Nun, im Sommer des Jahres 1750 landete ich auf der Insel Kreta. Ich wollte im Idagebirge die Geburtsgrotte des Zeus suchen, und nachdem ich wochenlang über Gipfel und durch Schluchten geklettert war, hatte ich schließlich Erfolg. Am Fuß einer hoch aufragenden Felswand entdeckte ich tatsächlich die Grotte. Neben dem Eingang saß ein Mann. Ich grüßte ihn, aber er schwieg. Nach einiger Zeit sagte er: ‹Ich lüge montags und dienstags.› Ehe ich etwas erwidern konnte, war er verschwunden. Am nächsten Tag saß er plötzlich wieder da, sagte: ‹Heute ist entweder Donnerstag, Samstag oder Sonntag›, und verschwand. Ich hatte im Gebirge jedes Zeitgefühl verloren, wusste weder Datum noch Wochentag und konnte deshalb die Behauptung des seltsamen Mannes nicht überprüfen. Am darauf folgenden Tag sah ich ihn zum dritten und letzten Mal. Diesmal sagte er: ‹Ich lüge mittwochs und freitags.›
Als ich einige Tage später vom Ida herabstieg und in einer Taverne am Fuße des Gebirges von der seltsamen Begegnung berichtete, erklärte man mir, ich hätte Epimenides getroffen. Er sei ein Nachfahre jenes Epimenides, der im Altertum berüchtigt war, weil er nie die Wahrheit sagte. Mein Epimenides jedoch sage an einem bestimmten Wochentag immer die Wahrheit, an allen anderen sechs Wochentagen lüge er hingegen.»

«Haben Sie herausbekommen, an welchem Wochentag der Fremde die Wahrheit sagte?», wollte Graf Frensdorf wissen.
«Nein, das ist mir leider nicht geglückt.»
Wissen Sie es?

Das neue Kirchturmdach

Christi Himmelfahrt machte ich mit drei Freunden eine Radtour. Wir fuhren auf einem Radweg direkt am Rhein entlang von Weinort zu Weinort. Um die Mittagszeit machten wir in einem kleinen Städtchen in der Nähe von St. Goar Rast. Wir setzten uns auf eine Bank am Brunnen des Marktplatzes, aßen unsere Brote und ließen uns die Sonne ins Gesicht scheinen.

Gegenüber stand eine Kirche. Paul starrte schon eine ganze Weile auf ihren Turm, als er sagte: «Habt ihr schon einmal ein so seltsames Dach gesehen?» Der Kirchturm hatte einen quadratischen Grundriss und jede seiner Wände einen Giebel. Zwischen den Giebeln saßen vier viereckige Dachflächen, die in eine Spitze ausliefen. Andreas, der Bauingenieur ist, erklärte uns jedoch,

dass man solche Dächer häufig auf Kirchtürmen finde, und er erzählte, dass er mit seiner Firma im letzten Jahr ein solches Dach erneuert habe. «Ich musste dazu die Dachfläche berechnen. Man hatte mir aber nur gesagt, dass der Turm eine Grundfläche von 6 m × 6 m und eine Höhe von 40 m habe und dass das Dach 28 m über dem Erdboden beginne. Ich brauchte eine ganze Weile, bis es mir gelang, die Fläche der vier Rhomben zu berechnen.» Paul fragte, was denn Rhomben seien, und Andreas erklärte ihm: «Ein Rhombus ist ein gleichseitiges Viereck mit zwei spitzen und zwei stumpfen Winkeln.»
Eine Weile sagte niemand etwas, bis plötzlich Paul, der die ganze Zeit mit einem Stöckchen im Sand gekritzelt hatte, meinte: «Es ist doch gar nicht so schwer zu berechnen, wie viele Quadratmeter Dachfläche dein Kirchturm hatte.»
Wissen auch Sie, wie groß die Dachfläche war?

Wer erschoss den Sheriff?

Ich hatte bis spät in die Nacht gearbeitet, und die anderen schliefen bereits, als ich nach Hause kam. Mit meinem Abendbrot setzte ich mich vor den Fernseher. Es lief ein uralter Schwarzweißwestern.
Der Sheriff von Tombstone war mit einer Revolverkugel im Rücken tot aufgefunden worden. Ein alter Mann namens O'Hara hatte beobachtet, dass zwei der drei Jones-Brüder dem Sheriff in einem Cañon aufgelauert hatten und dass er von einem der beiden erschossen worden war. Marshall Dillon hatte nicht erst lange gefragt, sondern gleich alle drei Jones-Brüder ins Gefängnis gesteckt.
Dann kam der Gerichtstag. Die Verhandlung fand wie üblich im Saloon statt, und die meisten Zuschauer waren nicht mehr ganz nüchtern. Richter Smith versuchte, die Jones-Brüder zu verhören, doch er kam nicht weit. Schon nach wenigen Minuten fingen die drei an, sich gegenseitig zu beschimpfen und sich, trotz ihrer Handschellen, zu prügeln. Schließlich musste der Richter sie rausführen lassen und in ihrer Abwesenheit weiter verhandeln. Er ließ den Gerichtsschreiber die Aussagen der Brüder verlesen: «Erste Aussage: Arthur ist nicht der Komplize des Mörders. – Zweite Aussage: Bill ist nicht der Mörder. – Dritte Aussage: Charley ist nicht unschuldig.»
Leider wusste der Gerichtsschreiber nicht mehr, welcher der drei Brüder welche Aussage gemacht hatte, auch er hatte bereits mehrere Whiskys getrunken. Er konnte sich aber erinnern, dass keiner der Brüder eine Aussage über sich selbst gemacht hatte.

Der Richter unterdrückte seinen Ärger und schlug vor, den Zeugen zu befragen. Doch auch der alte O'Hara war sturzbetrunken. Mit viel Mühe konnte Richter Smith seinem Gelalle entnehmen, dass der unschuldige Bruder mindestens eine der drei Aussagen gemacht und als Einziger nicht gelogen hatte.
Der Richter war ein scharfsinniger Mann und hatte schnell die Wahrheit heraus.
Wissen auch Sie, wer den Sheriff erschoss und wer der Komplize des Mörders war?

Die alte Waage

Beim Sonntagsfrühstück las ich den Veranstaltungskalender in der Zeitung und sah, dass an diesem Tag Flohmarkt war. Meine Frau liebt Flohmärkte, und so machten wir uns auf den Weg.
Nachdem wir schon einige Stunden von Stand zu Stand gegangen waren, mit Dutzenden von Händlern gefeilscht und allerlei Dinge erstanden hatten, entdeckte meine Frau eine schöne, alte Balkenwaage. Die Schalen und Zeiger waren aus Messing, und im Sockel befanden sich kleine Schubladen für die Gewichte.
«Für 300 Euro gehört sie Ihnen», sagte der Händler. Meine Frau war empört. «Das ist viel zu teuer für so eine schäbige, alte Waage. Ich biete Ihnen 5 Euro.» – «Gute Frau, das ist eine echte Apothekerwaage, und sie funktioniert noch einwandfrei. Für weniger als 250 Euro kann ich sie Ihnen nicht geben.»
Jetzt mischte ich mich ein und fragte, ob die Gewichtsstücke vollzählig seien. Er zeigte sie uns. Es schienen mir sehr wenige zu sein. Skeptisch sagte ich: «Da fehlen doch welche? Wir geben Ihnen 100 Euro für die Waage!» Der Händler erwiderte: «Der Gewichtesatz ist vollständig. Sie können mit ihm alle ganzzahligen Grammwerte von 1 Gramm bis 40 Gramm abwiegen.» Er rechnete es uns für alle Werte vor. «Sehen Sie», sagte er, «die Anzahl der Gewichte reicht dafür aus. Allerdings geht es auch nicht mit weniger Gewichtsstücken.»
Vom Rechenexempel überzeugt, einigten wir uns schließlich auf einen Kaufpreis von 150 Euro für die Waage.
Wissen Sie, wie viele Gewichtsstücke in den Schublädchen lagen und welche Werte sie hatten?

Im Bann der Pyramide

Jakob ist der Inbegriff eines Ingenieurs. Er denkt und handelt immer völlig rational. Alles, was man nicht messen kann, nicht Punkt für Punkt naturwissenschaftlich begründen kann, gibt es für ihn nicht.

Sonderbarerweise gilt das nicht für die Medizin. Jede Art von alternativer Heilmethode zieht ihn magisch an. Als ich ihn neulich besuchte, hatte er mitten in seinem Wohnzimmer eine gläserne blaue Pyramide errichtet, die mir beinahe bis zur Schulter reichte. Jakob erklärte mir, dass sie die Abwehrkräfte stärke, und hielt einen langen Vortrag über die Philosophie und Mathematik der letzten zweieinhalbtausend Jahre. Ich kann mich nur noch erinnern, dass seine Pyramide ein regelmäßiges Tetraeder war, das keine Hohlräume enthielt. Es hatte eine Kantenlänge von knapp zwei Metern und war aus lauter regelmäßigen Tetraedern und Oktaedern von 666 Millimetern Kantenlänge gebaut. Der Philosoph Plato soll behauptet haben, dass die Elemente Luft und Feuer aus Tetraedern und Oktaedern bestehen, und ein

Wunderheiler im Schwarzwald hatte nun festgestellt, dass eine Pyramide aus Luft und Feuer in der Wohnung gesundheitsfördernd wirke.

Ich fragte ihn, ob die Pyramide nicht furchtbar teuer gewesen sei. «Da hast du leider Recht, aber auf Dauer ist sie trotzdem günstiger als die vielen Medikamente, die man sonst kaufen müsste», antwortete Jakob. «Jedes Tetraeder hat 50 Euro und jedes Oktaeder hat 80 Euro gekostet.»

Auf der Heimfahrt dachte ich über Jakobs Pyramide nach. Ich rief mir in Erinnerung, dass regelmäßige Tetraeder vier und regelmäßige Oktaeder acht gleichseitige Dreiecke als Seitenflächen haben. Wie viel mochte Jakobs Gesundheitsvorsorge gekostet haben?

Wissen Sie es?

Die Bierdeckelfalle

Ich hatte mich nach der Arbeit mit meiner Frau in der Stadt verabredet. Wir wollten uns in einem Café in der Einkaufsstraße treffen und dann gemeinsam für mich ein paar neue Hemden, Pullover und Hosen besorgen. Meine Frau möchte immer mitkommen, weil sie meint, ich habe keinen Geschmack. Das ist natürlich Unsinn. Ich würde einfach meine verschlissenen Kleidungsstücke durch genau gleiche ersetzen. Und da sie meine jetzigen mit mir ausgesucht hat, dürften ihr auch die neuen gefallen.

Ich saß also auf der Terrasse des Cafés, beobachtete die Passanten und wartete auf meine Frau. Mein Tisch hatte genau in der Mitte ein großes rundes Loch. Wahrscheinlich diente es dazu, die Stange eines Sonnenschirms aufzunehmen, wenn auch ein wesentlich kleineres Loch hierfür gereicht hätte.

Auf meinem Tisch lagen einige runde Bierdeckel. Gedankenversunken schob ich mit dem Zeigefinger einen der Deckel langsam auf das Loch zu. Erst als der Deckel weit über den Rand des Loches ragte, fiel er hinein. Ich nahm einen zweiten, einen dritten und schließlich einen vierten Bierdeckel und schob einen nach dem anderen in das Loch des Tisches. Irgendwann bemerkte ich, dass die Deckel immer genau in jenem Moment fielen, in dem ihr Rand gerade die Mitte des Loches erreichte.

Ich fragte mich, um wie viel das Loch im Tisch wohl größer sein musste als der Bierdeckel. Doch da traf meine Frau ein, und wir brachen zu unserer Einkaufstour auf.

Zu Hause fiel mir das Loch im Cafétisch wieder ein. Ich hatte

mir einen Bierdeckel eingesteckt und maß ihn aus. Er hatte einen Durchmesser von elf Zentimetern.
Wissen Sie, welchen Durchmesser das Loch im Tisch gehabt haben muss?

Taxi mit vier «T»

Jedes Mal, wenn ich in Bielefeld bin, regnet es. Ich war bei strahlendem Sonnenschein zu Hause losgefahren, doch als ich in Bielefeld den Bahnhof verließ, goss es in Strömen. Darum nahm ich mir, ganz gegen meine Gewohnheit, ein Taxi.

Nachdem wir uns kurz über das schlechte Wetter unterhalten hatten, fragte der Fahrer, ob ich öfter nach Bielefeld käme. «So zwei- bis dreimal pro Jahr», antwortete ich. «Dann fahren Sie das nächste Mal wieder mit uns. Wir sind die Firma ‹4 T-Taxi›.» Er reichte mir eine kleine, flache Plastikschachtel nach hinten. Durch den durchsichtigen Deckel sah ich vier gleiche T-förmige Plastikteile, die so angeordnet waren, dass jeweils ein Querbalken gegen jede Wand der Schachtel drückte. Ich erkundigte mich, was die vier T bedeuteten, und erfuhr, dass vier Studen-

ten, deren Namen alle mit demselben Buchstaben beginnen, gemeinsam ein Taxi-Unternehmen gegründet hatten.
«Drehen Sie die Schachtel einmal um», schlug er vor. Auf der Rückseite entdeckte ich eine quadratische Vertiefung, die etwas kleiner war als die, in der sich die vier T-Stücke befanden. «Versuchen Sie einmal, alle vier Ts in dem Quadrat auf der Rückseite unterzubringen», forderte er mich auf.
Den Rest der Fahrt war ich damit beschäftigt, das Puzzle zu lösen. Es war nicht leicht. Aber als wir am Ziel waren, hatte ich es schließlich doch geschafft. Der Trick war: Man musste die vier T-Stücke schräg in die Schachtel legen.
Wieder zu Hause, wollte ich meiner Frau das Werbegeschenk zeigen, aber ich fand nur noch die T-Stücke in der Manteltasche. Die Schachtel war mir unterwegs abhanden gekommen. Daher wollte ich mir aus starkem Karton zwei passende Rahmen schneiden. Mit einer Schieblehre maß ich die T-Stücke aus. Beide Balken hatten eine Breite von 10 mm; der Querbalken war 30 mm und der Längsbalken 33 mm lang. Es war auch kein Problem, die innere Kantenlänge des größeren Rahmens zu 63 mm zu berechnen. Doch es gelang mir nicht, die Innenkantenlänge des kleineren Rahmens, in dem die T-Stücke schräg liegen sollten, herauszubekommen.
Gelingt es Ihnen?

Der zersägte Würfel

Vor ein paar Wochen fand ich beim Aufräumen des Dachbodens einen großen Holzwürfel. Er war weiß lackiert und hatte einige Jahre in unserem Wohnzimmer als Blumenhocker gedient. Ich wollte ihn zuerst wegwerfen, aber dann fiel mir auf, dass sich daraus gut Bauklötze für meine kleine Tochter Sarah machen ließen. Mit einer Kreissäge teilte ich den Blumenhocker in 64 gleich große Würfel. Leider hatte ich vergessen, vorher die Farbe abzuschleifen. Nun hatten manche der Bauklötze weiße Seitenflächen.

Am letzten Mittwoch sah ich mir nach dem Abendbrot die Nachrichten im Fernsehen an, und meine große Tochter Christina spielte mit einem von Sarahs Holzwürfeln herum, als meine Frau aus der Küche rief: «Kann mir einer von euch beiden beim Abwasch helfen?»

Christina und ich stritten eine Weile, wer von uns helfen müsse, bis sie schließlich vorschlug, es auszuwürfeln. Sie stellte den Beutel mit den 64 Holzwürfeln vor mir auf den Tisch und sagte: «Du nimmst jetzt, ohne in den Beutel zu sehen, einen Würfel heraus und gibst ihn mir. Ich werde dann damit einmal würfeln. Ist anschließend die oben liegende Fläche des Würfels weiß, so wasche ich ab, sonst gehst du in die Küche. Einverstanden?» Ich hielt dies für einen fairen Vorschlag, und wir machten es so. Natürlich verlor ich. Beim Abtrocknen dämmerte mir, dass Christina mich hereingelegt hatte.

Wissen Sie, mit welcher Wahrscheinlichkeit bei diesem Spiel eine weiße Fläche gewürfelt wird?

Wein für den Schachclub

Vor einigen Tagen besuchte mich abends mein Nachbar Sigi. Er druckste ein wenig herum, doch dann gab er sich einen Ruck und begann zu erzählen, warum er gekommen war:
«Du weißt doch, dass ich seit Anfang des Jahres Erster Vorsitzender im Schachclub ‹Weißer König› bin. In drei Wochen beginnt unser großes alljährliches Clubturnier, das neun Tage dauert und immer vom Ersten Vorsitzenden organisiert wird. Das Turnier beginnt an jedem der neun Tage um sechs Uhr abends, und es werden jeweils neun Partien gespielt. Anschließend gibt es immer ein gemeinsames Essen. Ein Partyservice liefert das Essen, aber ich brauche jemanden, der mir dabei hilft …» Ich verstand. «Du suchst einen Kellner. Keine Sorge, ich helfe dir.» Sigi war sichtlich erleichtert, und wir unterhielten uns noch eine Weile. Ich wollte wissen, warum das Turnier so lange dauere, wo der Verein doch nur wenige Mitglieder habe. Sigi antwortete: «Weil so viele Partien gespielt werden müssen. Beim Clubturnier werden eine Siegerin und ein Sieger gesucht. Deshalb spielt jede Frau des Clubs gegen jede andere Frau drei Partien. Bei den Männern verhält es sich genauso. Gemischte Partien, also Frau gegen Mann, gibt es beim Jahresturnier nicht.»
Zum Abschied bat Sigi mich noch, meine Weingläser mitzubringen, da seine nicht für alle Clubmitglieder reichen würden. Später fiel mir auf, dass er mir gar nicht gesagt hatte, wie viele Gläser insgesamt gebraucht werden. Das war auch gar nicht nötig. Wissen auch Sie, wie viele Mitglieder der Schachclub «Weißer König» hat?

Kurven auf dem Tennisball

Das Gymnasium meiner Tochter veranstaltet jeden Sommer ein Tennisturnier um die Schulmeisterschaft. Schon Wochen vorher werden im Sportunterricht die besten Spieler und Spielerinnen jeder Klasse ermittelt.

Christina hatte das ganze Jahr hart trainiert und war Klassenmeisterin geworden. In den Wochen bis zum Sommerturnier war sie voller Optimismus und genoss den Neid ihrer Klassenkameradinnen. Doch als es dann so weit war, platzten all ihre Träume. Sie landete auf dem vorletzten Platz.

Auf der Heimfahrt hielt sich Christina noch ganz tapfer, aber als wir zu Hause waren, brach sie in Tränen aus. Ich versuchte, sie zu trösten, aber sie schluchzte nur vor sich hin und schaute traurig auf den Tennisball in ihrer Hand. Doch plötzlich wischte sie sich die Tränen weg und schien auf andere Gedanken zu kommen: «Ist dir schon einmal aufgefallen, dass auf allen Tennisbällen die gleiche seltsame Linie zu sehen ist?», fragte sie. Ich nahm den Ball und sah ihn mir an. Auf der rauen Oberfläche des Balls gab es eine etwa zwei Millimeter breite geschlossene Kurve, auf der die Oberfläche glatt war. Bei genauerem Hinsehen konnte man erkennen, dass die Kurve sich aus vier gleichen Halbkreisen zusammensetzte, und zwar so, dass die Flächen von sich gegenüberliegenden Halbkreisen parallel zueinander lagen und benachbarte Halbkreise senkrecht aufeinander standen.

Ich gab meiner Tochter den Ball zurück. «Wie lang mag die Linie sein?», fragte sie mich. Ich war froh, dass sie nicht mehr an das Turnier dachte, aber ich wusste die Antwort nicht und schlug

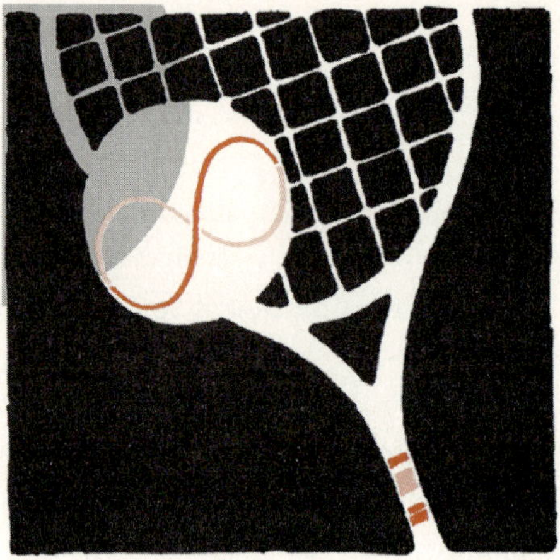

vor, in ihrem Tennisbuch nachzusehen. Dort war nur zu erfahren, dass Tennisbälle einen Durchmesser von 65 Millimetern haben. Die Kurve auf den Bällen wurde mit keiner Silbe erwähnt.

Wissen Sie, wie lang die Linie ist?

Mit Ecken und Kanten

Mein Sohn saß über seinen Hausaufgaben und schimpfte vor sich hin. Ich fragte, ob ich ihm helfen könne. «Weißt du, wie viele Ecken ein Würfel hat?», begann er. «Acht Ecken – oben vier und unten vier», sagte ich nach kurzem Nachdenken. «Genau, so weit war ich auch schon. Aber weißt du auch, wie viele Kanten ein Würfel hat?» Ich versuchte wieder, mir einen Würfel vorzustellen und die Kanten zu zählen, aber diesmal war es nicht so leicht. Es gelang mir nicht, mir zu merken, welche Kanten ich schon gezählt hatte und welche noch nicht. Ich vermutete, dass es zehn oder zwölf sind. Mein Sohn war auf vierzehn gekommen. Wir überlegten eine Weile gemeinsam, konnten uns aber nicht einigen. Ich schlug vor, einen Würfel zu basteln und die Kanten dann einfach abzuzählen.

Matthias war einverstanden, und wir suchten Pappe, Klebeband, Schere, Lineal und Bleistift zusammen. Ich zeichnete sechs gleiche Quadrate auf die Pappe, schnitt sie aus und versuchte, sie mit Klebeband zusammenzufügen, aber die Quadrate hingen vollkommen schief aneinander und ergaben alles andere als einen Würfel. Matthias hatte eine Idee. «Wenn die sechs Quadrate zusammenhängen, braucht man das Stück Pappe nur noch zu falten und kann es dann leicht zu einem Würfel verbinden.» Er zeichnete auf die Pappe eine kreuzförmige Figur, die aus sechs Quadraten bestand, schnitt sie aus, knickte sie an den Kanten der Quadrate rechtwinklig ab, und schon hielt er einen Würfel in der Hand. Ich war beeindruckt und bastelte mir auch einen. «Ich glaube, es gibt noch andere Muster aus sechs Quadraten, aus denen man Würfel falten kann», sagte Matthias. Nun begannen wir beide, nach solchen Mustern zu suchen. Nach einer Stunde hatten wir schließlich eine ganze Reihe Quadratmuster vor uns liegen und waren überzeugt, dass es keine weiteren gibt.

Wissen Sie, wie viele Figuren aus sechs Quadraten es gibt, die man zu einem Würfel falten kann? Spiegelbildliche Figuren sollen dabei nicht als verschieden gezählt werden.

Tausche Briefmarken gegen Euroscheine

«Heute sind ein paar besonders schöne dabei», sagte ich zu Christina, als ich von der Arbeit kam. Seit einem Vierteljahr sammelt meine Tochter Briefmarken, und seitdem bringe ich von jedem Briefumschlag, den ich in meiner Firma bekomme, die Marken mit nach Hause. An diesem Abend jedoch gab mir Christina den Umschlag zurück, ohne auch nur einen Blick hineingeworfen zu haben. «Ich sammle keine Briefmarken mehr.»

Das überraschte mich nicht besonders, denn Christina hatte schon alles Mögliche gesammelt – Bierdeckel, Streichholzschachteln, Kronkorken, Telefonkarten – und jede Sammlung nach kurzer Zeit wieder aufgegeben.

«Und was sammelst du jetzt?», fragte ich deshalb. «Zwanzigeuroscheine», war die Antwort. Ich war mir nicht sicher, ob meine Tochter das ernst meinte. «Einige Scheine besitze ich auch schon», fuhr Christina fort. «Ich habe die wertvollen Stücke meiner Briefmarkensammlung an einen Händler verkauft, der mir für jede Briefmarke so viel Euro bezahlt hat, wie ich ihm insgesamt Marken gegeben habe.» Sie liebt es, in Rätseln zu sprechen. «Ich habe dann das Geld, das ich bekommen hatte, so weit wie möglich in Zwanzigeuroscheine gewechselt. Den Rest, der keinen ganzen Zwanzigeuroschein mehr ergeben hat, habe ich Matthias und Sarah geschenkt.»

Ich war überrascht, dass Christina ihren Geschwistern freiwillig etwas von ihrem Geld abgegeben hatte. «Wie viel haben die beiden denn von dir bekommen?», fragte ich neugierig. «Matthias ist älter, darum habe ich ihm den Zehneuroschein gegeben. Sarah hat den Rest bekommen.»

Wissen Sie, wie viel Geld Sarah erhalten hatte?

Ordnung muss sein

Emil Storb verwaltet das Archiv in unserer Firma. Fast sein ganzes Berufsleben hat er in einem fensterlosen, muffigen Kellerraum verbracht. Trotzdem scheint er der glücklichste Mensch in der Firma zu sein. Er ist immer freundlich und bei jedem beliebt. Seine große Leidenschaft heißt Ordnung. Alles im Archiv ist mit peinlichster Sorgfalt alphabetisch, numerisch oder nach dem Datum sortiert. Selbst seine Bleistifte liegen der Größe nach geordnet auf dem Schreibtisch, und über der Tür zu seinem Keller hängen eingerahmt die Worte: «Ordnung muss sein!»

Vor einigen Jahren hatte jemand sich einen Spaß gemacht und auf dem Türschild des Archivs die Buchstaben von Storbs Namen in alphabetische Reihenfolge gebracht und darunter «Ordnung muss sein» gekritzelt. Seitdem wird Emil Storb von allen nur noch Beilmorst genannt.
In der letzten Woche feierte Storb sein vierzigjähriges Dienstjubiläum. Wir wussten, dass er sich schon seit langem ein neues

Fahrrad wünschte, und hatten deshalb gemeinsam ein Tourenrad mit einer Kettenschaltung von 21 Gängen gekauft.
Mein Chef übergab es ihm mit den besten Glückwünschen der ganzen Firma und sagte dann: «Mein lieber Beilmorst, ein Problem konnten wir leider nicht lösen, und ich hoffe, Sie sind uns deswegen nicht böse: Bei allen Fahrrädern, die die Händler anbieten, sind die Gänge in furchtbarer Unordnung. Auch bei diesem Rad.» Er deutete auf die beiden Schalthebel am Lenker. «Mit dem linken Schalter können Sie durch die Stellungen 1, 2 und 3 die Kette auf eines der drei Zahnräder am Tretlager legen, die 24, 34 und 42 Zähne haben. Mit dem rechten Schalter hingegen, der die Stufen 1 bis 7 hat, wird die Kette auf die sieben verschiedenen Ritzel des Hinterrads geworfen, die 28, 24, 21, 18, 15, 13 und 11 Zähne besitzen. Das Rad fährt im ersten Gang, wenn man die Schalter links und rechts jeweils auf 1 gestellt hat, und es fährt im einundzwanzigsten Gang, wenn man links auf 3 und rechts auf 7 geschaltet hat. Die anderen neunzehn Gänge liegen kunterbunt durcheinander.» Mein Chef sah schmunzelnd in die Runde. «Ich bin davon überzeugt, lieber Beilmorst, dass es Ihnen gelingen wird, die Gänge und Schalterstellungen in ein vernünftiges System zu bringen. So wie sie jetzt angeordnet sind, ist es mir beispielsweise nicht einmal gelungen, herauszufinden, in welchem Gang ich fahre, wenn ich links die 2 und rechts die 3 eingestellt habe.»
Wissen Sie, welcher Gang eingestellt ist?

Die Wechselschaltung

Auf der Heimfahrt von der Arbeit holte ich meine Frau ab, die eine Freundin im Krankenhaus besucht hatte. Als wir an unserer Bank vorbeifuhren, bat sie mich, kurz zu halten, damit sie Geld holen könne. «Beeil dich!», rief ich ihr noch nach. Aber es kam, wie es kommen musste. Vor der Bank traf sie eine Nachbarin. Nach einer Viertelstunde begann ich mich zu langweilen. Ich starrte auf die Uhr, die über dem Eingang der Bank hing. Sie zeigte abwechselnd die Zeit und die Temperatur an. Ohne recht zu wissen, warum, notierte ich auf einem alten Briefumschlag einige Minuten lang die Anzeigen der Uhr.

17:27; 18° C; 17:28; 18° C; 17:28; 18° C; 17:29; 18° C; 17:29; 18° C; 17:29; 18° C; 17:30; 18° C; 17:30, 18° C; 17:30; 18° C; 17:31; 18° C; 17:31; 18° C; 17:32; 18° C.

Endlich hatte meine Frau ihr Schwätzchen beendet und stieg wieder in den Wagen. Wir fuhren weiter, doch kurz darauf sagte sie: «Wir haben keinen Aufschnitt mehr. Halt doch bitte beim Metzger an.» Also hielt ich wieder. «Denk daran, dass ich um sechs Uhr bei Hermann sein muss», mahnte ich. «Nun reg dich nicht auf. Ich bin doch in zwei Minuten zurück», erwiderte sie und hauchte mir einen Kuss zu.

Nach zehn Minuten begann ich, mit dem Umschlag zu spielen, den ich beim Warten vor der Bank bekritzelt hatte. Ich überlegte, ob man aus den Uhrzeiten und Temperaturen, die ich mir notiert hatte, errechnen könnte, wie lange ein Anzeigeintervall der Uhr dauerte. Dazu nahm ich an, dass die Intervalle, in de-

nen die Zeit oder die Temperatur angezeigt wurden, immer gleich lang waren und einen ganzzahligen Sekundenwert dauerten. Außerdem setzte ich voraus, dass immer die Zeit und die Temperatur angegeben wurde, die zu Anfang des Intervalls herrschte, dass also innerhalb eines Intervalls die Uhrzeiten und die Temperaturen nicht umgeschaltet wurden. Obwohl ich viel Zeit zum Nachdenken hatte, fand ich keine Lösung.
Wissen Sie, wie lange ein Anzeigeintervall der Uhr dauerte?

Zahlendreiecke auf dem Billardtisch

Im Flur klingelte das Telefon. Kurz darauf steckte meine Frau den Kopf durch die Tür und fragte, ob wir Lust hätten, mit Hannes und seiner Familie eine Fahrradtour zu machen. Die Kinder und ich waren begeistert. Um drei Uhr brachen wir gemeinsam mit den Vogts auf. Die Sonne schien, aber es war nicht zu heiß, und wir radelten auf Feldwegen durchs Grüne. Nach zwei Stunden erreichten wir ein Gartencafé. Hannes lud uns zu Kaffee und Kuchen ein, und die Kinder bekamen Eis.

Nachdem die Kinder ihr Eis gegessen hatten, verschwanden sie im Wald. Die Frauen unterhielten sich, Hannes las in einem Pflanzenführer, und ich döste vor mich hin.

Irgendwann stand plötzlich Hannes mit einem Queue vor mir und wollte Billard spielen. Verschlafen folgte ich ihm zum Billardtisch unter der Markise. Wir begannen, die Kugeln in den dreieckigen Rahmen zu legen. «Warte mal, ich kenne da ein hübsches Problem.» Da kam also wieder der Mathematiklehrer in Hannes durch. «Die Billardkugeln sind von 1 bis 15 nummeriert, und jede Kugel in dem Dreieck, abgesehen von den fünf Kugeln der ersten Reihe, berührt genau zwei Kugeln aus der davor liegenden Reihe. Diese beiden Kugeln nenne ich die Vorgängerinnen der Kugel. Versuche einmal, die Kugeln so in das Dreieck zu legen, dass die Nummer jeder Kugel aus der zweiten bis fünften Reihe gleich der Differenz der Nummern ihrer beiden Vorgängerinnen ist. Haben also beispielsweise die Vorgängerinnen die Nummern 2 und 12, so müssen sie von der Kugel mit der Nummer 10 berührt werden.»

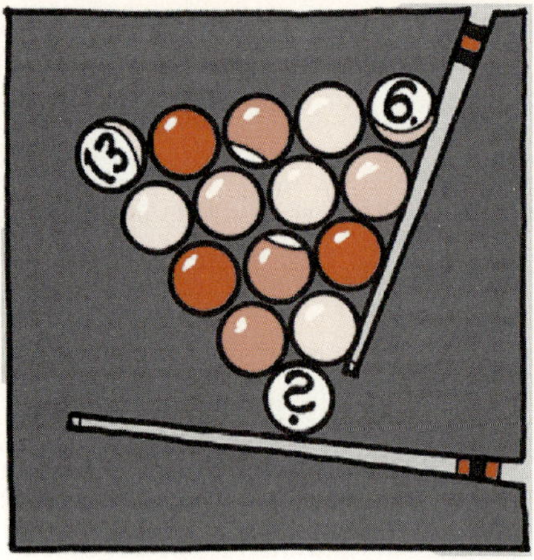

Mir war das viel zu schwierig, aber ich wollte nicht unhöflich sein und versuchte mein Glück. Nach zehn Minuten gab ich auf. Hannes blickte mich an und legte die Kugeln mit den Nummern 6 und 13 in die erste Reihe des Dreiecks. Aber trotz dieser Hilfe gelang es mir nicht, die restlichen Kugeln passend in das Dreieck zu ordnen.

Haben Sie mehr Erfolg? Welche Kugel gehört in die fünfte Reihe?

Ein Hellseher in der Spielbank

Obwohl ich keine Spielernatur bin, hatte ich mich von Ulrich und Michael überreden lassen, am Samstagabend in die Spielbank zu fahren.

Ich war fest entschlossen, höchstens zehn Euro zu verspielen und ansonsten nur den anderen zuzuschauen. Mit einem Zehn-Euro-Jeton begann ich, am Roulettetisch auf Farben zu spielen. Das erste Mal gewann ich, die nächsten beiden Male verlor ich, damit war der Spielabend für mich nach zehn Minuten zu Ende. Kurz darauf hatten auch die beiden anderen ihre Jetons verspielt. Wir schlenderten in die Vorhalle und entdeckten dort neben den üblichen «einarmigen Banditen» auch eine neue Art von Spielautomaten. Sie hatten, wie die gewöhnlichen Automaten, drei schnell rotierende Räder, auf denen jedoch anstelle der üblichen Symbole jeweils die Ziffern von 0 bis 9 zu sehen waren. Per Knopfdruck konnte man die Räder anhalten, und im Sichtfenster des Automaten erschien eine Ziffer jedes Rads, sodass sich eine dreistellige Zahl ergab. Diese Zahl war der Centbetrag, den der Spielautomat ausspuckte – sofern man vorher sechs Euro eingeworfen hatte. Man bekam also bei jedem Spiel Geld zurück, außer in den sehr seltenen Fällen, in denen die drei Räder die Zahl 000 anzeigten.

Ich hatte meine guten Vorsätze längst vergessen und schon beinahe hundert Euro an diesem Automaten verspielt. Michael war zur Toilette gegangen, und Ulrich schaute mir über die Schulter, als ich noch einmal mein Glück versuchte. Die Räder blieben stehen, und das Geld klapperte ins Ausgabefach. «Wenn die beiden letzten Ziffern vertauscht wären, hättest du neun Cent mehr bekommen», sagte Ulrich. Etwas gereizt antwortete ich: «Und wenn die erste und die zweite Ziffer vertauscht gewesen wären, hätte ich sogar neunzig Cent mehr gewonnen.» Ich unternahm einen letzten Versuch, und die Räder drehten sich erneut. In diesem Moment kam Michael zurück. Er schien unsere letzten Sätze gehört zu haben, denn er sagte: «Ich kann dir auch sagen, wie viel mehr du bekommen hättest, wenn die erste und die letzte Ziffer vertauscht gewesen wären.» Er nannte tatsächlich den richtigen Betrag, und ich sah ihn erstaunt an. «Ich kann eben hellsehen», erklärte er.

Wissen auch Sie, wie viel Geld der Spielautomat zusätzlich ausgespuckt hätte, wenn die erste und die letzte Ziffer vertauscht gewesen wären?

Das Tischtennisturnier

Geschäftsreisen sind mir eine Qual. Den ganzen Tag arbeitet man angestrengt, und abends sitzt man dann in einem ungemütlichen Hotelzimmer und langweilt sich.
Bei meiner letzten Reise aber hatte ich Glück. Ich war bei einer Computerfirma in Düsseldorf, und als ich mich abends verabschiedete, fragte mein Geschäftspartner: «Spielen Sie Tischtennis?» – «Ja, hin und wieder», antwortete ich. Darauf lud er mich ein, ihn an diesem Abend zu seinem Tischtennisverein zu begleiten.
Als wir die Halle betraten, wurden wir von einem Mann im Trainingsanzug begrüßt. «Hallo, Hajo, du warst ja schon lange nicht mehr hier.» Mein Begleiter erklärte, dass er in letzter Zeit viele Überstunden machen musste. Er stellte mir den Mann, der Vorsitzender des Vereins war, vor, und wir unterhielten uns eine Weile. Schließlich erkundigte sich mein Geschäftspartner, wie denn das Vereinsturnier gelaufen sei. «Nicht besonders gut», antwortete der Vorsitzende. «Wir haben es wie immer so gemacht, dass jeder einmal gegen jeden spielen sollte und jeder für ein Spiel fünfundzwanzig Cent in die Vereinskasse zahlen musste. Aber leider hat sich nur die Hälfte der Mitglieder an dem Turnier beteiligt. Dadurch haben wir 540 Euro weniger eingenommen, als wenn alle mitgemacht hätten.» Ich wollte gerade fragen, wie viele Mitglieder der Verein denn habe, da wünschte er uns schon einen schönen Abend und verabschiedete sich.
Wissen Sie, wie viele Mitglieder der Tischtennisverein hat?

Ein kleiner Gefallen

Kurz vor Mitternacht riss mich das Klingeln des Telefons aus dem Schlaf. Müde stolperte ich die Treppe hinunter und nahm der Hörer ab. «Hier ist Doris, ich habe dich doch hoffentlich nicht gestört?» Ohne auf eine Antwort zu warten, fuhr sie fort: «Pass auf. Mir ist in eurem Ort eine Wohnung angeboten worden, aber ich kann hier zurzeit nicht weg. Wärst du so nett und würdest sie morgen für mich ansehen?» Ich versprach alles, nur um schnell wieder ins Bett zu kommen.

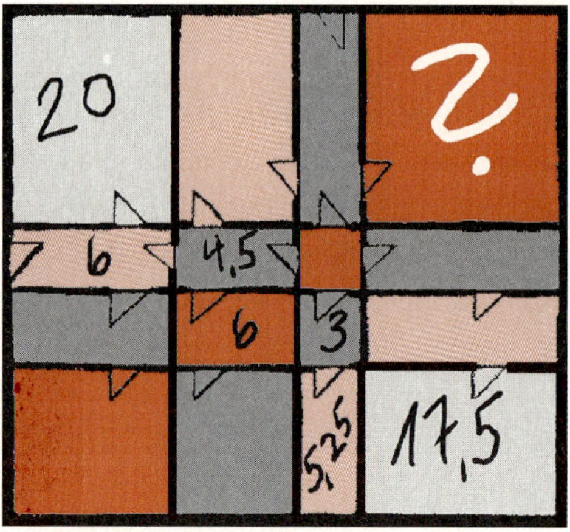

Am nächsten Tag besichtigte ich die Wohnung und rief abends Doris an. «Hast du mein Fax mit dem Grundriss der Wohnung erhalten?», fragte ich. «Die Wohnung ist eine umgebaute Fabrikhalle. Alle Räume liegen auf einer Ebene. Der Vorteil ist, du brauchst keine Treppen zu steigen. Der Nachteil ist, dass es mehrere Durchgangszimmer gibt, die keine Fenster haben. Der Architekt hat jedoch große Oberlichter in diesen Räumen einbauen lassen, sodass sie trotzdem sehr hell sind. Hinter dem Haus gibt es auch noch einen kleinen Garten.» Doris war begeistert, fragte, wann sie einziehen könne, und begann sofort mit der Planung. «Ich könnte den großen Raum oben rechts auf deiner Skizze als Wohnzimmer einrichten. Wie viel Quadratmeter hat er denn?» Bei den Räumen, deren Größe mir der Architekt genannt hatte, hatte ich den Wert in der Skizze eingetragen, aber diesen wusste ich nicht. «Wenn man dich schon mal um einen Gefallen bittet … Aber was soll's? Ich kann es mir auch ausrechnen. Tschüs.» Und schon hatte sie aufgelegt.

Ich fragte mich, wie Doris aus meinen spärlichen Notizen die Größe des Raumes errechnen wollte.

Wissen Sie, wie viele Quadratmeter er hat?

Im Zeichen der Vier

Ich hatte bis kurz vor Mitternacht am Schreibtisch gesessen und wollte gerade zu Bett gehen, da entdeckte ich noch Licht in Christinas Zimmer. Ich trat ein und sah, wie sie unter ihrer Nachttischlampe in ein Buch vertieft war. Offenbar hatte sie so bereits die vergangenen Nächte verbracht, denn sie war seit Tagen blass und hatte dunkle Ränder unter den Augen.

«Du musst morgen früh um halb sieben aufstehen und schreibst bald eine Mathearbeit. Mach sofort das Licht aus!», schimpfte ich. «Es ist gerade so spannend. Ich kann jetzt nicht aufhören», maulte Christina und las weiter.

Ich fragte, was sie da überhaupt lese, und nahm ihr das Buch weg. «*Im Zeichen der Vier* von Arthur Conan Doyle, das ist ein Sherlock-Holmes-Roman. Und jetzt gib mir das Buch zurück!», sagte Christina wütend.

Ich versprach: «Du bekommst es zurück, sobald deine Mathearbeit vorbei ist. Aber morgen Nachmittag wirst du dich erst einmal mit einem anderen Zeichen der Vier befassen und etwas Rechnen üben.»

Am nächsten Tag erklärte ich ihr die Aufgabe. «Du sollst mit jeweils genau vier Vieren die Zahlen 1, 2, 3, 4, 5 und so weiter ausdrücken. Dabei darfst du keine Ziffer mehr, aber auch keine weniger verwenden. Zusätzlich darfst du beliebig viele Pluszeichen, Minuszeichen, Malpunkte, Bruchstriche und Wurzelsymbole benutzen. Ich werde dir ein Beispiel geben. Die 1 kann auf folgende Weisen dargestellt werden.» Ich schrieb auf den Umschlag ihres Buches folgende Rechnung:

$$1 = \frac{44}{44}$$

$$1 = \frac{4}{4} + 4 - 4$$

$$1 = \sqrt{\frac{4 \cdot 4}{4 \cdot 4}}$$

«Und nun will ich von dir die kleinste positive ganze Zahl wissen, die sich nicht auf diese Art darstellen lässt.»
Finden auch Sie diese Zahl.

Das Wetter auf Taka Tuka

Mein Schwager Klaus fährt zur See und weiß die unglaublichsten Geschichten zu berichten. Am Samstag kam er wieder einmal zu Besuch und begann beim Kaffeetrinken zu erzählen:
«Im letzten Jahr fuhren wir mit der ‹Tossehoppe› in der Südsee von Insel zu Insel, um Gelbal zu kaufen, ein Pflanzenharz, das nur dort zu bekommen ist und zur Herstellung von Medikamenten gebraucht wird. Drei Tage vor Weihnachten erreichten wir die Insel Taka Tuka. Es war ein kalter, regnerischer und stürmischer Tag, und wir waren froh, als wir endlich unser Schiff im Hafen vertäut hatten. In den nächsten Tagen kauften wir die komplette Jahresproduktion an Gelbal von Taka Tuka auf, sodass wir das Weihnachtsfest in aller Ruhe im Hafen der Insel feiern konnten.
Als wir am 26. Dezember die Maschinen der ‹Tossehoppe› wieder anwerfen wollten, hörte man nur ein kurzes Quietschen, und dann war es still. Unser Maschinist schraubte den ganzen Tag an den Motoren herum und kam am Abend mit einem zerbrochenen Kolben an Deck. Wir saßen wochenlang auf Taka Tuka fest und warteten auf den neuen Kolben.
So kamen wir in den Hafenkneipen mit den Einheimischen ins Gespräch und hörten von den seltsamen Wetterverhältnissen auf der Insel. Ob ihr es glaubt oder nicht: Auf Taka Tuka ändert sich das Wetter innerhalb eines Monats niemals, nur zum Monatswechsel kann es einen Wetterumschwung geben. Außerdem wiederholen sich die Wetterverhältnisse von Jahr zu Jahr, sodass ein Jahr wie das andere ist.»

Ich runzelte die Stirn, doch Klaus bekräftigte: «Auf fünf heiße Monate folgen zwei warme, danach kommen zwei kalte und anschließend noch einmal drei warme Monate. Nach diesen zwölf Monaten geht es wieder von vorn los: fünf heiße Monate, zwei warme, zwei kalte und drei warme. Auch die Windverhältnisse haben einen festen Rhythmus: Auf drei windstille Monate folgen zwei stürmische, vier windige und wieder drei stürmische. Mit dem Niederschlag ist es ähnlich: Nach vier regnerischen Monaten kommen drei neblige, drei trockene und nochmal zwei neblige Monate. Dieses zuverlässige Wetter ist eine feine Sache. So findet beispielsweise der Nationalfeiertag der Insulaner immer an einem heißen, windigen und trockenen Tag statt.»
Meine Frau grinste: «Du hast uns vorhin erzählt, dass ihr an einem kalten, regnerischen und stürmischen Tag auf Taka Tuka angekommen seid, und nun behauptest du, der Dezember sei immer warm, stürmisch und neblig. Ich glaube, hier handelt es sich um Seemannsgarn.» Aber Klaus konnte seine Geschichte gerade noch retten. «Da hast du mich falsch verstanden. Ich habe keineswegs gesagt, dass die fünf heißen Monate mit dem Januar beginnen. Ganz im Gegenteil. Aber ich habe vergessen, welcher der erste Monat der heißen Jahreszeit ist. Genauso ist es mit den windstillen und den regnerischen Monaten. Außerdem müssen nicht einmal die heiße, die windstille und die regnerische Jahreszeit gleichzeitig beginnen.»
Ich versuchte, Klaus von diesem Thema zu erlösen, und fragte, wann sie denn Taka Tuka verlassen hätten. «An das Datum kann ich mich nicht mehr erinnern, aber ich weiß noch, dass es ein warmer, stürmischer und trockener Tag war.»
Wissen Sie, in welchem Monat die ‹Tossehoppe› die Insel verließ?

Amors Uhr

Die erste Armbanduhr meines Lebens schenkte mir mein Großvater in den sechziger Jahren. Obwohl sie nur ein einfaches Uhrwerk hatte, war sie ein wertvolles Geschenk, und ich war so stolz darauf, dass ich sie Tag und Nacht trug. Irgendwann einmal vergaß ich, die Uhr beim Baden abzunehmen. Wasser drang in das Gehäuse, Zeiger und Zifferblatt wurden rostig, und das Uhrwerk lief nicht mehr. Ich konnte mich nicht von der Uhr trennen und bewahrte sie in einer alten Zigarrenkiste auf.

Seither habe ich über ein Dutzend Armbanduhren besessen. Ich habe nie eine Uhr weggeworfen, sondern die alten immer zu meiner ersten Uhr in die Zigarrenkiste gelegt.

Neulich nahm ich die Schachtel einmal wieder in die Hand. Mein Blick fiel auf eine kitschige, herzförmige Uhr, die obenauf lag. Sie hatte ein himbeerfarbenes Zifferblatt und ein goldenes Gehäuse, die Zeiger waren Pfeile, die von einem pausbäckigen Amor abgeschossen wurden. Vor vielen Jahren hatte mir meine damalige Freundin diese Uhr geschenkt. Ich fand sie scheußlich und habe sie nie getragen.

Die Uhr hatte eine Besonderheit. Die Datumsanzeigen der meisten Uhren nehmen jeden Monat mit 31 Tagen an, und am Ende von kürzeren Monaten muss man sie per Hand vorstellen. Diese Uhr aber übersprang bei Monaten mit 28, 29 oder 30 Tagen von allein die überzähligen Tage, und sie beherrschte außerdem auch die Schaltjahresregel. Eine Anzeige für den Monatsnamen hatte sie allerdings nicht.
Die Batterie war leer und die Uhr an einem Monatsersten stehen geblieben. Ich fragte mich, wenn ich nun eine neue Batterie einsetzen würde, ohne dabei etwas an der Uhr zu verstellen, wie viele Tage es denn höchstens dauern könnte, bis sich aus den Datumsanzeigen der Uhr eindeutig schließen lässt, in welchem Monat sie stehen geblieben war.
Wissen Sie die Antwort? Der angebrochene Tag, an dem die Batterie eingesetzt wird, zählt dabei als ganzer Tag, die ersten Sekunden eines neuen Tages, die man nach Mitternacht braucht, um den Wechsel der Datumsanzeige zu beobachten, jedoch nicht.

Sparsam telefonieren

Ich hatte mir einen Nachmittag freigenommen. Das Wetter war schön, und ich saß im Liegestuhl auf der Terrasse, als mir plötzlich einfiel, dass mein Chef auf den Monatsbericht wartete. Ich hatte ihn am Vortag geschrieben, aber vergessen, ihn abzugeben. Daher wollte ich rasch meinen Kollegen anrufen. Doch als ich in den Flur kam, saß meine Tochter vor dem Telefon und unterhielt sich über irgendwelche Mathematikaufgaben. Ich ging also zurück auf die Terrasse. Dies wiederholte sich noch einige Male, bis ich nach einer halben Stunde endlich telefonieren konnte.
Als ich mein Gespräch beendet hatte, fragte ich Christina, mit wem sie eigentlich so lange telefoniert habe. «Ach, ich habe nur mit einigen Mädchen aus meiner Klasse Matheaufgaben ausgetauscht.» Ich verstand nicht recht, was sie meinte. «Aber das ist doch ganz einfach, Papi. Wir haben sieben Matheaufgaben bekommen und sind sieben Mädchen in der Klasse. Also hat jede von uns eine gerechnet. Und dann haben wir uns gegenseitig angerufen, sodass nun jede von uns die Lösungen aller sieben Aufgaben hat.» Ich vermutete, dass jede der sieben einmal mit jeder anderen telefoniert hatte, also insgesamt einundzwanzig Gespräche geführt worden waren. Doch Christina klärte mich auf: «Das wäre doch völlig ineffizient. Wir haben uns natürlich eine Methode überlegt, mit der man durch ein Minimum an Telefonaten die Ergebnisse aller sieben Aufgaben an alle sieben Mädchen weitergeben kann.»
Wie viele Telefonate reichten den sieben Mädchen dafür?

Das alte Geld

Als ich ins Wohnzimmer kam, saß meine Tochter vor dem Fernseher und schaute irgendeine Vorabendserie. Anscheinend fand Christina die Sendung genauso langweilig wie ich, denn sie spielte mit drei alten Fünfmarkstücken herum und blickte nur von Zeit zu Zeit zum Fernseher. Sie hatte die drei Geldstücke auf der Tischplatte so zusammengeschoben, dass jedes von ihnen die beiden anderen berührte. Nachdenklich betrachtete sie die Anordnung.

Ich setzte mich auf das Sofa und versuchte, die Zeitung zu lesen. Doch ich konnte mich nicht konzentrieren und bat sie, etwas leiser zu stellen. Christina schaltete den Fernseher aus und sagte, es liefe sowieso nur Mist.

Sie wandte sich wieder den Münzen zu und sagte: «Du behauptest doch immer, ein gutes geometrisches Vorstellungsvermögen zu haben. Darf ich das einmal testen?» Ohne auf eine Antwort zu warten, fuhr sie fort: «Fünfmarkstücke haben einen Durchmesser von 29 und Pfennige von 16,5 Millimetern. Wenn ich drei Fünfmarkstücke so aneinander lege, dass sie sich alle gegenseitig berühren, bleibt in der Mitte eine dreieckige Lücke frei. Hat in dieser Lücke ein Pfennigstück Platz?»
Ich hatte ja kurz zuvor die Münzanordnung gesehen und wusste, dass die Lücke viel zu winzig für einen Pfennig war. «Stimmt!», sagte Christina erstaunt. «Wie bist du so schnell darauf gekommen?» – «Ich habe es natürlich ausgerechnet», prahlte ich. Auf diese Antwort schien sie nur gewartet zu haben. «Dann weißt du sicherlich auch, wie groß eine Münze höchstens sein darf, die in diese Lücke passt.» Natürlich wusste ich es nicht.
Wissen Sie, welchen Durchmesser die Münze höchstens haben darf?

Verpackungskunst

«In zehn Minuten ist das Essen fertig, du kannst schon einmal den Tisch decken», sagte meine Frau zu mir, «und Christina, du räumst Sarahs Bauklötze fort.» Ich legte meine Zeitung beiseite und machte mich im Esszimmer an die Arbeit.

Als ich kurz darauf fertig war, wollte ich Christina holen und sah, dass sie auf dem Teppich inmitten der Bauklötze saß. Sie hatte noch keinen einzigen Klotz fortgeräumt, im Gegenteil, mir schien, dass sogar noch mehr Bauklötze auf dem Boden lagen als vorher. «Solltest du nicht aufräumen?», fragte ich.

«Papa, du nervst. Ich probiere gerade etwas aus, und wenn du mich nicht stören würdest, wäre ich längst fertig.» Ich wollte wissen, was sie dort tue, und sie antwortete, diesmal etwas freundlicher: «Na gut, ich erkläre es dir. Sarahs Bauklötze sind alle würfelförmig. Die roten Klötze haben eine Kantenlänge von zwei Zentimetern, die grünen von vier, die blauen von sechs und die gelben von acht Zentimetern. Von jeder Farbe besitzt Sarah weit über hundert Klötze. Sieh dir diese Schachtel an. Sie ist würfelförmig und hat einen Innenraum von 10 × 10 × 10 Zentimetern. Ich versuche schon die ganze Zeit, sie mit möglichst wenigen von Sarahs Bauklötzen vollständig zu füllen, und zwar so, dass sich trotzdem noch der Deckel schließen lässt. Willst du auch einmal dein Glück versuchen?»

Wir mussten zum Essen gehen, aber mir ging das Problem nicht mehr aus dem Kopf, und am Abend, als Christina längst im Bett lag, kramte ich die Bauklötze noch einmal hervor. Doch sooft ich es auch versuchte, ich brauchte jedes Mal über hundert Klöt-

ze, um die Schachtel zu füllen, dennoch war ich mir sicher, dass es auch mit weniger gehen müsste.
Wie viele Bauklötze benötigen Sie mindestens, um die Schachtel zu füllen?

Ein geheimes Rendezvous

Meine Cousine Gertrud liebt es, zu tratschen. Sie arbeitet als Röntgenassistentin im Krankenhaus und bekommt alles mit, was dort passiert. Ihre Neugierde nimmt bisweilen recht sonderbare Formen an, und so musste ich mir neulich die folgende Geschichte anhören:

«Dr. Kruse arbeitet erst seit einigen Wochen im Hospital und kennt noch niemanden in der Stadt. Der Chefarzt und die Oberschwester sehen es nicht gern, wenn jemand aus der Ärzteschaft mit jemandem vom Pflegepersonal ausgeht oder gar eine Beziehung anfängt. Deshalb hatte Dr. Kruse heimlich, ohne dass die Oberschwester etwas bemerkte, ein Rendezvous in einem kleinen Café am Stadtrand verabredet. Aber ich stand zufällig hinter einem Vorhang und konnte alles mithören.

Abends bin ich dann auch in das Café gegangen und sah die beiden bei Dämmerlicht in einer gemütlichen Nische sitzen. Er hatte sich einen Kaffee und sie einen Tee bestellt. Ich setzte mich mit dem Rücken zu ihnen an den Nachbartisch und konnte jedes Wort verstehen. Er wunderte sich, dass sie mit einem alten Mann wie ihm ausging. Doch sie antwortete: ‹So jung bin ich auch nicht mehr. Ich werde in acht Monaten vierzig.› Er zeigte sich erstaunt: ‹Tatsächlich? Sie sehen viel jünger aus als ich, dabei bin ich nur ein paar Jahre älter als Sie.› Daraufhin wollte sie wissen, wie alt er denn sei. Er lächelte sie an und sagte: ‹Wenn Sie für jedes meiner Lebensjahre einen Cent nehmen, den Preis meines Kaffees dazuzählen und anschließend 20 Cent abziehen, erhalten Sie den Preis Ihres Tees.›

Obwohl ich erst heute bemerkt habe, dass ich die Preise von Kaffee und Tee vertauscht hatte, wusste ich gestern sofort Dr. Kruses Alter.»

Ich war froh, dass Gertruds Geschichte endlich zu Ende war, aber wie sie das Alter herausgefunden hatte, verstand ich nicht.

Wissen Sie, wie alt Dr. Kruse ist?

Die Designermöbel

In den ersten Semestern meines Studiums hatte ich mir die Wohnung mit einem Kommilitonen geteilt. Aber dann brach Ulrich sein Studium ab, zog nach Süddeutschland, und wir verloren uns aus den Augen.
Vor einigen Wochen bekam ich überraschend einen Anruf von ihm. Er erzählte mir, er habe meine Adresse von einer CD-ROM, die alle Telefonnummern Deutschlands enthalte, und er lud mich ein, ihn zu besuchen. Da ich zufällig ein paar Tage später beruflich in seiner Nähe zu tun hatte, nahm ich die Einladung gern an.

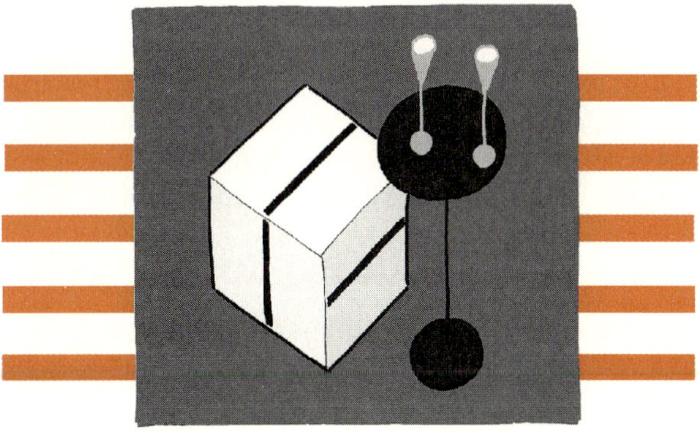

Ulrich war offensichtlich zu Reichtum gekommen. Er wohnte in einer ganz modernen Villa, und auch die Inneneinrichtung war sehr avantgardistisch. Wir betraten ein riesiges Wohnzimmer, und er drückte mir ein Glas Champagner in die Hand, mit einem Stiel, so lang und dünn wie eine Stricknadel.

Ich sah mich neugierig um. Bis auf wenige schwarze Linien oder Flächen war alles in dem Raum weiß. Etwas Farbiges gab es nicht. Die Möbel hatten streng geometrische Formen, sodass ich mich unwillkürlich an meinen Mathematikunterricht erinnert fühlte.

«Nimm doch Platz», bat Ulrich. Ich setzte mich auf etwas, das Ulrich als Sessel bezeichnete. Es war ein Würfel von einem halben Meter Kantenlänge, der mit weißem Leder bezogen war. Quer über jede der sechs Würfelflächen lief eine schwarze Linie. Auch Ulrich hockte sich auf einen Sessel-Würfel. «Diese Sessel stammen von dem Designer Daniel Rossolo», sagte er voller Stolz. «Jede der sechs Seiten jedes Sessels sieht genau gleich aus: Es ist immer ein weißes Quadrat mit einer schwarzen Linie. Trotzdem sind alle Sessel, die du hier siehst, verschieden, denn die Anordnung der schwarzen Linien zueinander ist jedes Mal anders. Rossolo hat nur je einen Sessel von jedem Muster hergestellt, und sie stehen alle in diesem Raum.»

Wissen Sie, wie viele Sessel-Würfel Ulrich besitzt?

Unterwegs nach Paris

Wir haben in unserem Wohnzimmerschrank eine Schublade, in der alle Dinge verwahrt werden, von denen wir nicht recht wissen, wohin wir sie sonst tun sollten. Dort liegen Fotos, Fahrpläne, Zeitungsausschnitte, Batterien, Schraubenzieher, Ersatzsicherungen, Stadtplane, Schnursenkel und Ansichtskarten. Als ich vor einigen Tagen in der Schublade nach meiner Sonnenbrille suchte, fiel mir eine alte Bahnfahrkarte in die Hände. Ich konnte mir zuerst nicht erklären, warum wir sie aufbewahrt hatten, bis ich sie umdrehte und auf der Rückseite einige Notizen und den Namen Luise entdeckte.

Vor einiger Zeit war ich mit Luise, einer Verwandten meiner Frau, mit der Bahn nach Paris gefahren. Als wir im Speisewagen saßen, verriet sie mir, dass sie Geburtstag hatte, und lud mich zu einem Glas Sekt ein. Ich gratulierte und fragte, wie alt sie denn geworden sei. Ich musste eine Zeit lang auf die Antwort warten, schließlich sagte sie schmunzelnd: «Mein älterer Bruder Karl hat heute auch Geburtstag, und wenn man sein Alter mit meinem Alter multipliziert, erhält man die jetzige Jahreszahl.» Ich habe sie wohl etwas irritiert angesehen, denn nach einigen Augenblicken gab sie mir noch einen Tipp: «Vor genau dreizehn Jahren war das Produkt von Karls und meinem damaligen Alter exakt halb so groß wie die damalige Jahreszahl.»

Ich nahm meine Fahrkarte und versuchte, auf der Rückseite Luises Alter auszurechnen. Es gelang mir nicht, aber ich tat so, als hätte ich die Lösung gefunden, und nahm mir vor, es zu Hause noch einmal in aller Ruhe zu probieren. Dazu ist es jedoch nie

gekommen, und die Fahrkarte mit meinen Berechnungen verschwand in unserer Spezialschublade.
Wissen Sie, in welchem Jahr Luise und ich nach Paris fuhren?

Einmaleins für Kühe

Als ich den Schmiedehof betrat, saß nur ein einziger Gast an der Theke. Georg Braun ist einer der letzten Bauern in unserem Dorf. Ich setzte mich zu ihm und fragte, wie es ihm gehe, er sehe irgendwie unglücklich aus. «Eigentlich habe ich keinen Grund zu klagen. Zu Hause läuft alles ganz gut, aber ich werde nicht jünger, und ich weiß nicht, was in Zukunft mit dem Hof werden soll. Meine Tochter hat einen Rechtsanwalt geheiratet und ist nach München gezogen, und mein Sohn studiert Physik. Den Hof wollen sie beide nicht übernehmen. Ich werde ihn wohl in ein paar Jahren verkaufen müssen.»

Eine Zeit lang tranken wir schweigend unser Bier. Dann begann er, mir von einem Problem mit seinen Viehweiden zu erzählen: «Bis vor drei Jahren hatte ich vierzig Kühe. Anfang Mai trieb ich sie immer auf die Fledderwiese. Nach vierzig Tagen hatten die Tiere sie abgegrast, und ich musste sie auf eine andere Weide bringen. Im vorletzten Jahr gab ich zehn Kühe ab. Ich dachte, da ich nun ein Viertel weniger Kühe hätte, müsste das Gras der Fledderwiese um ein Viertel der Tage länger reichen. Überraschenderweise reichte das Gras jedoch nicht für fünfzig, sondern für sechzig Tage. Ich hatte keine Erklärung dafür. Im letzten Jahr verkleinerte ich meinen Viehbestand noch einmal um zehn Tiere. Dann erzählte ich meinem Sohn Hannes von den erfolglosen Berechnungen des Vorjahres. Er lachte nur und sagte: ‹Du hast nicht berücksichtigt, dass das Gras ständig nachwächst. Nehmen wir einmal an, jeder Grashalm auf der Fledderwiese würde jeden Tag um die gleiche Länge wachsen.› Er stellte einige kurze Berechnungen auf dem Rand einer Zeitung an und sagte mir dann, wie lange meine zwanzig Kühe auf der Fledderwiese würden weiden können.»

«Und hatte dein Sohn Recht?», fragte ich. «Natürlich wächst das Gras in Wirklichkeit nicht gleichmäßig, aber ob du es glaubst oder nicht: Hannes hatte tatsächlich Recht!» Man sah Georg an, wie stolz er auf seinen Sohn war.

Als ich spät am Abend wieder zu Hause war, fragte ich mich, wie lange Georgs zwanzig Kühe auf der Fledderwiese weiden konnten, und versuchte, Hannes' Rechnung nachzuvollziehen. Aber es gelang mir nicht.

Wissen Sie es?

Das Entwässerungssystem

Mein Nachbar Sigi Schubert hatte sich ein Grundstück für sein Wochenendhaus gekauft. Es lag in einem schönen Wald an einem Flüsschen, in dem Sigi angeln und seine Kinder Boot fahren wollten. Doch sie hatten bei dem Grundstückskauf ein wenig Pech. Die Besichtigung fand in einem trockenen Monat statt, und der Makler verschwieg, dass es die meiste Zeit des Jahres dort sumpfig war.

Als der Bau dann beginnen sollte, klärte der Bauunternehmer Sigi auf, dass sein Grundstück zuerst einmal trocken gelegt werden müsse, da sonst die Fundamente absacken und die Wände Risse bekommen und unter Umständen sogar einstürzen könnten.

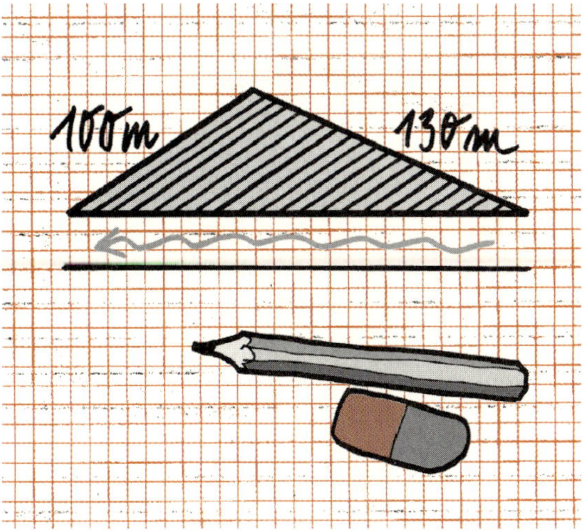

Mein Nachbar machte also einen Plan. Er beschloss, eine Reihe von Entwässerungsgräben zu ziehen, die das Wasser von dem Gelände in das Flüsschen abführen sollten. Sein Grundstück hatte die Form eines Dreiecks mit Seitenlängen von 100, 130 und 210 Metern; die längste Seite verlief entlang des Flüsschens. Die zwanzig Entwässerungsgräben, die alle den gleichen Abstand voneinander haben, sollten das Grundstück in einundzwanzig gleich breite Streifen zerteilen und parallel zu der 100 Meter langen Seite verlaufen. Da Sigi nicht die Zeit hatte, alle Gräben selbst zu schaufeln, beauftragte er ein Unternehmen damit. Man sagte ihm, dass er für jeden Meter Graben fünf Euro bezahlen müsse.

Wie hoch war die Rechnung für die zwanzig Entwässerungsgräben?

Fitnessstudio Adonis

Meine Frau fand, ich sei in der letzten Zeit zu dick geworden, und schlug vor, dass ich einmal das Fitnessstudio in unserer Nähe ausprobieren sollte. Etwas widerwillig stimmte ich zu.
Das Fitnessstudio trug den Namen «Adonis», und als ich in den Trainingsraum kam, hatte ich das Gefühl, eine andere Welt zu betreten: Lauter schlanke, muskulöse, gut aussehende Menschen lagen, hingen oder saßen auf seltsamen Maschinen, die mir wie moderne Varianten mittelalterlicher Folterinstrumente vorkamen. Viele trugen grellbunte, eng anliegende Sportanzüge, die ihre gestählten Körper wie eine zweite Haut umschlossen. Ich wäre am liebsten sofort wieder nach Hause gegangen. Da entdeckte ich auf einer Art Streckbank einen Nachbarn. Erleichtert ging ich zu ihm. «Guten Abend, Zacharias. Willst du auch etwas für deine Figur tun?»
Zacharias ist einen halben Kopf kleiner als ich und wiegt bestimmt zwanzig Kilo mehr. Er wischte sich den Schweiß aus dem Gesicht und sagte: «Meine Frau besteht darauf. Ich gehe schon seit fast einem Jahr jeden zweiten Tag in dieses Studio und habe trotzdem erst ein Kilo abgenommen. Daniel und Sebastian geht es auch nicht besser.» Ich war überrascht. Mit den dreien treffe ich mich häufig in unserer Dorfkneipe, aber keiner hatte jemals von seinem Fitnesstraining gesprochen. «Die beiden anderen kommen nicht ganz so häufig wie ich. Daniel ist jeden dritten und Sebastian jeden siebenten Abend hier», fuhr er fort. Ich vermutete, dass sie sich dann oft beim Training treffen würden, aber das war falsch. «Dass wir alle drei gleichzeitig im Stu-

dio sind, kommt ziemlich selten vor. Im letzten Monat war es nur ein einziges Mal, es war an einem …» Zacharias zögerte. «Ich habe es vergessen. Ich kann mich nur noch daran erinnern, dass im letzten Monat einer von uns seinen ersten Besuch im Fitnessstudio an einem Montag, einer seinen ersten Besuch an einem Mittwoch und der Dritte ihn an einem Freitag gemacht hat.»

Als ich nach Hause fuhr, ging mir das Gespräch mit Zacharias noch einmal durch den Kopf. Es musste doch möglich sein, herauszubekommen, an welchem Wochentag alle drei gemeinsam im letzten Monat in dem Studio gewesen waren. Aber sosehr ich auch nachdachte, ich fand es nicht heraus.

Wissen Sie es?

Rhomben aus Jaspis

Ich machte nach dem Abendbrot einen kleinen Spaziergang und traf meinen Nachbarn. Ich setzte mich neben ihn auf die Bank, und wir unterhielten uns eine Weile. Er wirkte irgendwie bedrückt. Schließlich erzählte er: «Vor einem Jahr habe ich mich dazu überreden lassen, sonntags in der Kirche mit dem Klingelbeutel herumzugehen und anschließend das Geld zu zählen. Seitdem gelte ich als Finanz- und Mathematikexperte und muss sämtliche Probleme lösen, die auch nur im Entferntesten mit Geld und Zahlen zu tun haben.» Er zog einen Zettel aus seiner Tasche und gab ihn mir.

«Dies ist eine Zeichnung des Zifferblatts unserer Kirchturmuhr. Es ist kein Kreis, sondern ein regelmäßiges Zwölfeck, das aus weißen Marmordreiecken und roten Jaspisrhomben besteht. Vor einem Vierteljahr brach der größte Rhombus aus der Wand und zerschellte am Boden. Ich konnte den Steinmetzen aus unserem Dorf dazu überreden, das Zifferblatt kostenlos zu reparieren. Wir mussten nur 300 Euro für den Jaspis bezahlen. Neulich bei dem Sturm sind dann aber auch die anderen vier Jaspisrhomben aus der Uhr gefallen. Der Steinmetz hat sich bereit erklärt,

auch diesmal das Zifferblatt kostenlos zu reparieren und für den Quadratmeter Jaspis den gleichen Preis zu berechnen wie beim letzten Mal. Der Kirchenvorstand hat mich natürlich wieder einmal gebeten, auszurechnen, was die Reparatur kosten wird. Ich habe keine Ahnung, wie ich das machen soll, ohne die genauen Maße der Uhr zu kennen, und morgen ist Kirchenvorstandssitzung.» Ich versuchte Sigi zu trösten, doch helfen konnte ich ihm leider auch nicht.

Wissen Sie, wie viel der Jaspis für die vier kleinen Rhomben kostet?

Die Molluske

«Habe ich euch eigentlich schon mal erzählt, wie die Molluske versucht hat, mich im Lehrerzimmer vor allen Kollegen bloßzustellen?» Ich schüttelte den Kopf. Mein Bruder ist Physiklehrer an einem Gymnasium in Osnabrück und war übers Wochenende zu Besuch bekommen.

«Die Molluske heißt eigentlich Frau Gerber und unterrichtet Biologie. Sie hat von den Schülern den Spitznamen ‹Molluske› bekommen, weil sie eine Leidenschaft für Weichtiere hat. Eines Tages saß ich in der großen Pause im Lehrerzimmer neben ihr, und sie empörte sich: ‹Herr Kollege, nun schauen Sie sich das einmal an! Seit beinahe dreißig Jahren erkläre ich den Schülern Jahr für Jahr die sieben Klassen des Stammes der Weichtiere, und immer noch fallen die Klassenarbeiten darüber katastrophal schlecht aus.›

Sie zeigte mir ein Blatt Papier, auf dem fünf Bilder von irgendwelchen Würmern oder Schnecken zu sehen waren. ‹Die Aufgabe bestand darin, diese fünf Mollusken zu klassifizieren. Sechs Schüler haben je zwei Tiere richtig eingeordnet, alle anderen zwanzig Schüler haben keine einzige korrekte Antwort gegeben. Dies sind die sechs besten Arbeiten.› Sie reichte mir einige Blätter und sagte dann so laut, dass alle im Lehrerzimmer es hören mussten: ‹Jeder halbwegs intelligente Mensch weiß doch, aus welchen Klassen diese Tiere stammen, nicht wahr, Herr Kollege?› Ich hatte natürlich keine Ahnung von Weichtieren, und die Molluske wusste das ganz genau. Ich sah mir die sechs Arbeiten sorgfältig an. Unter die Bilder hatten die Schüler geschrieben:

W. Kramer: Wurmschnecke – Bauchhaarling – Wurmschnecke – Kopffüßer – Saitenwurm
M. Tschech: Wurmschnecke – Fadenwurm – Bauchhaarling – Wurmschnecke – Käferschnecke
D. Fritsch: Kratzer – Muschel – Fadenwurm – Amöbe – Grabfüßer
G. Hacke: Rädertier – Muschel – Wurmschnecke – Muschel – Monoplacophorum
J. Feldt: Schnecke – Muschel – Amöbe – Insekt – Grabfüßer
K. Oskamp: Wurmschnecke – Saitenwurm – Amöbe – Amöbe – Grabfüßer

Glücklicherweise konnte ich mit Hilfe der Antworten der sechs Schüler alle Tiere klassifizieren, ohne auch nur ein einziges zu kennen. Frau Gerber starrte mich mit offenem Mund an und hat seitdem nie wieder versucht, mich hereinzulegen.»

Mein Bruder sah in die Runde. «Na, und könnt ihr die Tiere auch richtig klassifizieren?» Natürlich konnten wir es nicht.

Gelingt es Ihnen?

Ein fotografisches Gedächtnis

Der Berufsverkehr wird immer schlimmer. Seit Jahren verlasse ich unsere Wohnung jeden Morgen um zehn vor sieben. Früher war ich dann um kurz nach acht in meiner Firma. Aber in letzter Zeit wird es von Monat zu Monat später. Glücklicherweise haben wir gleitende Arbeitszeit, und die Kernzeit beginnt erst um neun Uhr.

Letzte Woche Montag kam ich gleichzeitig mit meinem Kollegen Helmut auf dem Firmenparkplatz an. «Guten Morgen. Ich habe wieder mal eine halbe Ewigkeit im Stau gesteckt», begrüßte er mich. Unwillkürlich schauten wir beide zur Turmuhr der nahe gelegenen Kirche. Wir waren noch früh genug da.

Als ich am Nachmittag irgendwann zwischen vier und fünf Uhr Feierabend machte und zum Parkplatz ging, traf ich Helmut wieder. Er erzählte mir, dass er an diesem Tag pünktlich zu Hause sein müsse, und wir sahen beide wieder auf die Turmuhr. «So ein Zufall!», rief Helmut. «Erinnerst du dich noch, dass wir heute Morgen auf die Uhr gesehen haben? Minuten- und Stundenzeiger haben seitdem ihre beiden Stellungen exakt vertauscht.»

Ich wunderte mich, wie er das so genau wissen konnte. Helmut prahlte: «Du weißt doch, dass ich ein fotografisches Gedächtnis habe. Ich kann das Bild der Uhr von heute Morgen mit dem von jetzt in Gedanken aufeinander legen und würde es sehen, wenn die Zeigerstellungen auch nur ein zehntel Grad voneinander abweichen würden.»

Ich ärgerte mich über ihn, doch auf der Heimfahrt musste ich über seine Bemerkung nachdenken. Angenommen, Helmut hat-

te tatsächlich Recht gehabt, wie spät war es dann gewesen, als wir am Morgen auf die Kirchturmuhr gesehen hatten?
Gelingt es Ihnen, diesen Zeitpunkt auf die Sekunde genau herauszufinden?

Der Würfelknoten

Meine Tochter hatte vor einigen Jahren zum Geburtstag ein Spiel bekommen, mit dem sie sich selbst Halsketten basteln konnte. Tagelang reihte sie begeistert Perlen auf Schnüre und verschenkte bunte Ketten an die ganze Familie und alle ihre Freundinnen. Aber das Interesse ließ bald nach, und das Spiel verschwand im Keller.

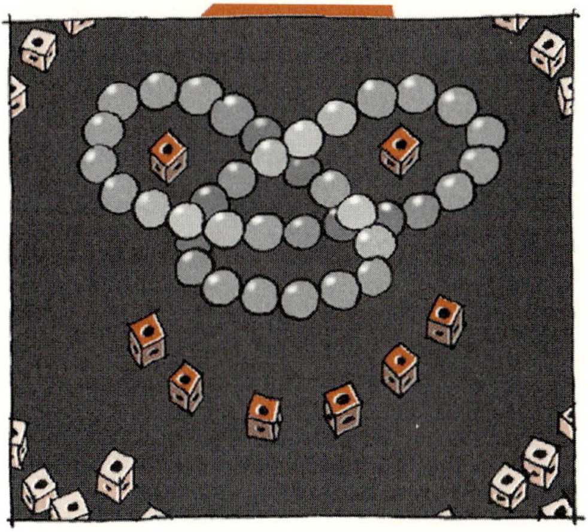

Vor ein paar Tagen kramte sie die Schachtel wieder hervor und zog sich damit auf ihr Zimmer zurück. Ich wunderte mich, denn normalerweise fühlt sie sich zu erwachsen für ihr Kinderspielzeug. Irgendwann kam sie ins Wohnzimmer und drückte mir eine Perlenkette in die Hand. «Was fällt dir daran auf?», fragte sie. Ich sah mir die Kette genau an und fand, dass sie irgendwie verheddert sei. «Genau!», sagte Christina. «In dieser geschlossenen Kette ist ein Knoten. Er lässt sich nur lösen, wenn man den Faden zerschneidet.» Ich nickte. «Ich habe auch würfelförmige Perlen», fuhr meine Tochter fort. «Sie sind alle gleich groß, innen hohl und in der Mitte jeder Seitenfläche durchbohrt. Man kann also die Schnur von einer Seite zur gegenüberliegenden oder auch zu einer benachbarten Seite durch eine solche Perle fädeln.» Christina gab mir eine zweite Kette. «Schau dir einmal diese an. Es ist die kürzestmögliche geschlossene Kette, bei der alle Würfelperlen entlang des Fadens mit ihren Seitenflächen genau aufeinander liegen. Mit weniger als vier Würfeln geht es nicht.» Christina sah mich prüfend an. «Das verstehst du doch, oder?» Ich nickte wieder.

Dann gab mir meine Tochter einen Faden und eine Hand voll Würfelperlen und sagte: «Jetzt versuche einmal herauszubekommen, wie viele Perlen man für die kürzestmögliche geschlossene Kette braucht, in der ein Knoten ist. Dabei sollen wieder entlang des Fadens die Würfelflächen genau aufeinander liegen.»

Mir fehlt für solche Spielereien die Geduld, und wenn auch noch Christina neben mir steht und sich über meine Ungeschicktheit freut, habe ich überhaupt keine Chance. Nach fünf Minuten gab ich auf.

Wissen Sie, wie viele Perlen mindestens nötig sind?

Palindromische Uhrzeiten

Ohne anzuklopfen, trat mein Chef ins Büro. Er hatte einen jungen Mann dabei und kam sofort zur Sache. «Herr Amma ist ein neuer Mitarbeiter des Rechenzentrums. Aber bevor er dort anfängt, soll er die ganze Firma kennen lernen. Ich möchte, dass Sie ihm unsere Abteilung zeigen.» Dann ließ er uns allein.
Ich hatte in der Eile den Namen nicht verstanden und fragte noch einmal nach. «Amma, Otto Amma», antwortete er. Dann zog er aus seinem Jackett eine Visitenkarte und gab sie mir. Auf dem Kärtchen standen in dicken Blockschriftbuchstaben nur zwei Wörter: OTTO und genau darunter AMMA. Sonst nichts: keine Adresse, keine Telefonnummer, kein Firmenname. «Sehr symmetrisch», sagte ich. «Schön, nicht wahr? Mein Vorname und mein Nachname sind Palindrome. So etwas ist sehr selten.» Ich hatte dieses Wort noch nie gehört.
Er erklärte: «Palindrome sind Wörter, die man von links nach rechts, aber auch von rechts nach links lesen kann, ohne dass sich ihre Bedeutung ändert. Meine Namen sind zwei Beispiele dafür. Ein anderes, sehr bekanntes Beispiel ist das Wort ‹Reliefpfeiler›. Der Philosoph Arthur Schopenhauer hat es gefunden.»
Ich konnte Ammas Begeisterung für Palindrome nicht teilen und hatte noch viel Arbeit vor mir. Demonstrativ sah ich auf meine Armbanduhr.
Amma hatte meinen Blick bemerkt. «Sie haben Recht, es gibt auch palindromische Uhrzeiten. Ihre Digitaluhr zeigt die Stunden, Minuten und Sekunden durch drei nebeneinander stehende Zahlen an, die durch Doppelpunkte getrennt sind. Die Mi-

nuten- und Sekundenzahl sind immer zweistellig, die Stundenzahl kann auch einstellig sein, da dort eine führende Null nicht angezeigt wird. Beachtet man einmal nicht die beiden Doppelpunkte, so gibt es täglich sechshundertsechzig palindromische Uhrzeiten, beispielsweise um 5:04:05 Uhr oder um 23:11:32 Uhr. Wenn Sie jetzt auf Ihre Uhr schauen, sehen Sie sogar etwas ganz Besonderes.» Ich beobachtete eine Zeit lang die Ziffern meiner Armbanduhr. Zwei Palindrome folgten dicht aufeinander. «Unter allen sechshundertsechzig Palindromen des Tages gibt es keine zwei, die einen so kurzen Abstand voneinander haben wie diese beiden», erklärte mir Amma.

Als ich am Abend meiner Frau von dem seltsamen neuen Kollegen erzählte, fragte sie mich: «Wie lang war denn dieser kürzeste Abstand zwischen zwei palindromischen Zeiten?» Ich wusste es nicht mehr.

Wissen Sie die Antwort?

Der syrische Hotelier

Ich wollte gerade schlafen gehen, als es an der Haustür klingelte. Ich öffnete, und vor mir stand ein bärtiger Mann mit einem Rucksack und einer Gitarre. Er grinste mich an. «Hey, kennst du mich nicht mehr?» – «Manfred?», fragte ich erstaunt.
Manfred hatte vor vielen Jahren mit mir zusammen sein Studium begonnen, es dann aber nach einem Semester unterbrochen, um sich erst einmal die Welt anzusehen. Seitdem hatte ich nie wieder etwas von ihm gehört. «Ich bin per Anhalter nach Italien unterwegs und vor einer halben Stunde hier in der Nähe abgesetzt worden. Kann ich bei dir übernachten?», fragte er. Natürlich ließ ich ihn herein.
Als wir im Wohnzimmer bei einem Glas Wein saßen, erkundigte ich mich, was er denn jetzt so mache. «Ich studiere», sagte Manfred. «Doch meistens treibe ich mich irgendwo auf dem Globus herum, und manchmal muss ich auch jobben, um meine Reisen zu finanzieren.» Ich wollte etwas von seinen Reisen hören, und er begann zu erzählen.
«Im letzten Jahr hatte ich Pech. In Syrien, in der Nähe von Aleppo, wurde ich überfallen und ausgeraubt. Ich sandte daraufhin sofort ein Telegramm an meine Eltern und bat sie, mir Geld zu schicken. So lange wollte ich in einem Hotel warten. Ich habe wohl nicht besonders Vertrauen erweckend ausgesehen, denn der Hotelbesitzer forderte Vorauszahlung. Geld besaß ich natürlich nicht, aber die Räuber hatten eine kurze Kette übersehen, die ich kurz zuvor in einem Basar gekauft hatte. Sie war zwar nicht zu einem Ring geschlossen, sodass man sie sich hätte um-

hängen können, aber dafür waren die Glieder aus Gold. ‹Ich bekomme in den nächsten Tagen Geld. Bis dahin gebe ich Ihnen ein Kettenglied als Pfand›, sagte ich zu dem Hotelier. Er war einverstanden. Am nächsten Tag hatte ich immer noch kein Geld, und der Hotelier forderte ein zweites Kettenglied. Am dritten Tag wollte er drei Kettenglieder haben, am vierten Tag vier Glieder, und so ging es immer weiter. Meine Kette hatte dreiundzwanzig Glieder. Als ich schließlich alle Glieder als Pfand abgegeben hatte, traf glücklicherweise das Geld ein, und ich konnte meine Kette wieder auslösen.»

«Deine Kette kann zum Schluss ja nur noch aus aufgetrennten Gliedern bestanden haben», meinte ich. Manfred lächelte verschmitzt. «Mir war selbstverständlich von Anfang an klar, dass ich längere Zeit in dem Hotel auf mein Geld warten und dem Hotelier nach und nach viele Kettenglieder würde geben müssen. Deshalb habe ich nur einige Glieder so aufgetrennt, dass ich aus den Kettenteilen jede Gliederzahl von 1 bis 23 bilden konnte. Ich gab dem Hotelier also nicht jeden Tag ein zusätzliches einzelnes Glied, sondern ich nahm mir immer alle Glieder zurück und gab ihm dann anschließend so viele, wie er forderte.»

«Wie viele Kettenglieder musstest du denn dann mindestens auftrennen?», fragte ich. Manfred lachte. «Das kannst du dir doch leicht selbst überlegen.» Ich konnte es nicht.

Können Sie es?

Das rollende Dreieck

«Papa, du kannst doch gut rechnen, oder?», fragte meine Tochter nach dem Abendbrot. Und ohne meine Antwort abzuwarten, fuhr sie fort: «Die Räder meines Fahrrades haben einen Durchmesser von 71 Zentimetern, und die Ventilkappen der Schläuche sind 31 Zentimeter von den Nabenmitten entfernt. Wenn ich nun mit meinem Fahrrad geradeaus fahre, welche Strecke legen dann die Ventilkappen pro Umdrehung der Räder zurück?»

Ich war erleichtert, diese Frage schien einfach: «Sie legen einen Kreisumfang von 2 mal Pi mal 31 Zentimeter pro Umdrehung zurück, also etwa 195 Zentimeter», sagte ich. «Falsch!», triumphierte Christina. «Ich habe schon vermutet, dass du keine Ahnung hast. Die Räder drehen sich nicht nur um ihre Nabe, sondern rollen dabei auch weiter. Dadurch bewegen sich die Ventilkappen nicht auf Kreisbahnen, sondern auf verkürzten Zykloiden. Also ist die pro Umdrehung zurückgelegte Strecke viel länger als 195 Zentimeter.» Ich fragte sie nach der genauen Länge, aber Christina musste gestehen, dass sie sie auch nicht wusste.

Etwas herablassend sagte ich: «Na ja, das ist vielleicht auch ein wenig zu schwer für dich. Aber ich kenne ein einfacheres Rollproblem.» Ich nahm aus der Spieleschachtel den dreieckigen Spielstein. Dann zeichnete ich auf den Rand der Zeitung ein

Quadrat, das die doppelte Seitenlänge des Spielsteins hatte, und legte ihn in eine Ecke des Quadrats. «Stell dir vor, der Spielstein wird nun auf den Innenseiten des Quadrats im Uhrzeigersinn so lange abgerollt, bis er sich wieder in seiner Ausgangslage befindet und außerdem das Auge des Steins wieder an der Quadratecke liegt. Der Spielstein hat eine Kantenlänge von vier Zentimetern. Wie lang ist der Weg, den eine Spitze des Steins zurücklegt?»

Zu meiner Enttäuschung hatte Christina die Aufgabe schon nach wenigen Minuten gelöst.

Gelingt Ihnen das auch?

Alle Wege führen nach Osnabrück

Am letzten Freitag hatte ich in einem Forschungslabor im Emsland zu tun. Der Tag war sehr anstrengend, denn die Physiker, mit denen ich sprach, gaben auf meine einfachen Fragen lauter komplizierte Antworten, sodass ich nachher weniger wusste als vorher.
Es war schon spät, als ich mich schließlich verabschiedete. Einer meiner Gesprächspartner bot mir an, mich bis nach Osnabrück mitzunehmen, damit ich von dort den Intercity nehmen konnte. Dankbar nahm ich das Angebot an.
Wir fuhren durch viele kleine Orte und kamen nur langsam voran. «Wie weit ist es denn bis Osnabrück?», erkundigte ich mich. Doch die Antwort war – wie konnte es anders sein? – äußerst kompliziert.
«Heute nehmen wir die Strecke über Oorde. Montags hingegen fahre ich immer über Altendorf. Der Weg ist zwar zwanzig Kilometer kürzer als der über Oorde, dafür kann ich aber auch nur mit zwei Dritteln unserer jetzigen Geschwindigkeit fahren. Dienstags fahre ich über Brandlecht. Auf der Strecke kann ich genauso schnell fahren wie auf der über Oorde, und sie ist auch noch zehn Kilometer kürzer als diese. Deshalb bin ich dienstags zwanzig Minuten weniger unterwegs als montags. Mittwochs nehme ich die Strecke über Frensdorf. Sie ist zwar zehn Kilometer kürzer als die über Oorde, aber ich kann nur mit drei Vierteln meiner jetzigen Geschwindigkeit fahren. Donnerstags fahre ich über Hesepe. Auch auf dieser Strecke kann ich genauso schnell fahren wie jetzt, aber ich brauche trotzdem zwanzig Mi-

nuten mehr als mittwochs, weil die Strecke zwanzig Kilometer länger ist als die, die wir heute fahren.»

Das war zu viel für mich. Um keine weiteren Erklärungen anhören zu müssen, täuschte ich ein Nickerchen vor. Doch später im Zug grübelte ich, wie viele Kilometer wir gefahren waren.

Wissen Sie es?

Goldfische für den Baron

«Gestern war ich beim Baron», sagte Gärtnermeister Blume, als ich ihn eines Abends in unserer Dorfkneipe traf. Überrascht sah ich ihn an, denn der Baron war vor einigen Monaten gestorben. Blume klärte mich auf, dass sein Sohn, der junge Baron, aus Berlin hergezogen sei und das Anwesen übernommen habe. «Ich fürchte, der Sohn ist genauso verschroben wie der Vater.» Meister Blume nahm einen Schluck Bier und begann von seinem Besuch zu berichten.

«Ich wurde direkt in das Arbeitszimmer des Barons geführt. ‹Schön, dass Sie da sind, Blume›, empfing mich der Baron. ‹Ich möchte, dass Sie meinen Park etwas umgestalten. Schauen Sie sich dies hier an.› Er zeigte mir einen handgemalten Plan. ‹Mein Vater war etwas spleenig. Er hat im Park eine Rasenfläche in

Form eines regelmäßigen Zwölfecks von zehn Metern Seitenlänge anlegen lassen. An einer Seite ist eine regelmäßige sechseckige Terrasse eingefügt, die mit Blaubasalt gepflastert ist. Die sechs- und zwölfeckigen Formen können so bleiben, aber ich möchte, dass Sie an der Stelle der Terrasse einen Teich für Goldfische ausheben. Und mit den alten Basaltsteinen pflastern Sie dann die komplette Rasenfläche.› Ich warf einen Blick auf den Plan. ‹Herr Baron, ich fürchte, die Steine reichen nicht aus›, sagte ich. Mit einer Handbewegung wischte er meinen Einwand beiseite. ‹Machen Sie sie ausreichend! Sagen Sie mir, wie viele Quadratmeter Pflastersteine Sie benötigen, und ich lasse sie beschaffen.› Damit war ich entlassen. Dass ich seinen Auftrag annehmen würde, setzte er einfach voraus, und nach dem Preis für meine Arbeit fragte er erst gar nicht.»

Meister Blume kratzte sich am Kopf. Etwas verlegen sagte er: «Mit der Mathematik habe ich so meine Probleme. Ich finde nicht heraus, wie viele Quadratmeter Basaltsteine mir fehlen.»

Da konnte ich ihm leider auch nicht helfen.

Können Sie es?

Das zerrissene Buch

Matthias hatte den ganzen Nachmittag Fußball gespielt und musste am Abend noch seine Schularbeiten machen. Natürlich hatte er keine Lust mehr dazu und war eigentlich viel zu müde. Er wollte mittags unbedingt sofort spielen gehen und hatte uns versichert, dass er nur wenige Hausaufgaben habe und sie nach dem Abendbrot schnell erledigen könne. Doch nun saß er schimpfend über den Aufgaben.

«Ich hasse Mathematik!», rief er plötzlich, nahm sein Mathematikbuch, riss einige Seiten heraus und trampelte darauf herum.

Ich wartete, bis er sich wieder beruhigt hatte, hob dann sein Mathematikbuch und die ausgerissenen Blätter vom Boden auf und hielt sie ihm hin. «Und nun?», fragte ich. «Morgen klebe ich die Seiten wieder ein», antwortete er kleinlaut.

Als ich einen Blick auf die ausgerissenen Blätter warf, bemerkte ich, dass sie lauter Multiplikationsaufgaben enthielten. Da kam mir eine Idee. Ich nahm die Seitenzahlen miteinander mal und sagte dann zu Matthias: «Eine kleine Strafarbeit muss aber sein: Du hast zwei aufeinander folgende Blätter aus deinem Buch gerissen. Das Produkt der vier Seitenzahlen ist zehnstellig, beginnt mit einer 5 und endet mit einer 4. Wenn du mir innerhalb der nächsten Stunde die Seitennummern nennen kannst, ist die Sache vergessen.»

Kennen Sie die vier Seitennummern?

Walters neue Freundin

Am 5. November 2000 wurde ich 45 Jahre alt. Walter war zu meiner Geburtstagsfeier mit seiner neuen Freundin gekommen. «Das ist Gloria», stellte er sie mir vor und ging zum Büfett.
Gloria starrte mich durch ihre Hornbrille an und sagte kein Wort. «Kennen Sie hier außer Walter schon jemanden?», fragte ich. «Falls ich Sie mit den anderen Gästen bekannt machen soll, brauchen Sie es mir nur sagen.»
Gloria zog die Augenbrauen hoch und sagte: «Zu! Es muss heißen: ‹Brauchen Sie es mir nur *zu* sagen›.» – «Ah ja, vielen Dank», sagte ich und versuchte, zu einem anderen Thema überzuleiten. Wann sie denn Geburtstag habe, fragte ich. Doch dadurch kam ich vom Regen in die Traufe. «Ich könnte Ihnen drei Informationen über meinen diesjährigen Geburtstag geben: den Wochentag, den Monat und die Tageszahl in dem Monat. Wenn ich Ihnen aber nur den Wochentag und die Tageszahl sagen würde, wüssten Sie trotzdem den Monat. Wenn ich Ihnen nun auch noch den letzten Buchstaben meines Geburtstagsmonats nennen würde, wüssten Sie, wie er heißt.» Ich runzelte die Stirn, doch Gloria ließ sich nicht beirren. «Wenn ich Ihnen jetzt schließlich die Tageszahl verraten würde, wüssten Sie den Wochentag und den Monat meines diesjährigen Geburtstags.»
Ich hatte wenig Lust, mir über Glorias Geburtstag den Kopf zu zerbrechen. Glücklicherweise kam Walter vom Büfett zurück und befreite mich.
Wissen Sie, wann Gloria Geburtstag hatte?

Eine technische Zeichnung mit Lücken

Als ich von der Arbeit nach Hause fuhr, traf ich im Bus den Sohn meines Nachbarn. Ich erkannte ihn kaum wieder. Bastian hatte immer T-Shirts und Jeans getragen und seine Ohren, Nasenflügel und Lippen mit einem Dutzend Ringen verziert. Doch nun war der Schmuck verschwunden, und er trug einen Anzug und ein weißes Hemd mit Krawatte.
«Was ist denn mit dir passiert?», fragte ich erstaunt. Bastian erzählte mir, dass er eine Ausbildung zum Industriekaufmann mache und gerade von seinem ersten Arbeitstag komme. Ich fragte, wie es gelaufen sei, und er begann zu erzählen:
«Den ganzen Tag über hat es prima geklappt. Alles, was mir mein Chef auftrug, konnte ich sofort erledigen, und es hat auch Spaß gemacht. Aber kurz vor Feierabend sagte er zu mir: ‹Morgen sollen tausend Bogatoren in Halle 3 gegossen werden. Rufen Sie bitte bei der Firma Kießling und Söhne an und bestellen Sie Gießharz. Die gleiche Sorte wie immer. Die wissen dann schon Bescheid. Aber es muss bis morgen früh sieben Uhr geliefert werden. Und beeilen Sie sich, in zehn Minuten erreichen Sie dort niemanden mehr.› – ‹Wie viel Gießharz brauchen wir denn?›, fragte ich meinen Chef. ‹Ich habe es eilig. Rechnen Sie es sich selbst aus.› Er legte mir einen Zettel auf den Schreibtisch und verschwand. Ich habe keine Ahnung, was ein Bogator ist, und ich konnte auch niemanden mehr fragen. Auf dem Zettel war eine technische Zeichnung zu sehen. Allerdings gab es nur eine Vorderansicht und eine Draufsicht, die Seitenansicht fehlte.»
Bastian zog ein zerknittertes Blatt Papier aus der Tasche. «Schau-

en Sie selbst.» Ich warf einen Blick auf die Zeichnung und zuckte mit den Schultern. Bastian erklärte: «Bei einer technischen Zeichnung schaut man von oben, von vorne und von der Seite auf den Gegenstand und zeichnet dann die sichtbaren Kanten als durchgezogene und die unsichtbaren als gestrichelte Linien. Fällt eine unsichtbare Kante mit einer sichtbaren zusammen, sieht man natürlich nur die durchgezogene Linie. Weil aber bei dieser Zeichnung die Seitenansicht fehlt, geht daraus nicht eindeutig hervor, wie ein Bogator aussieht.»

Ich wollte wissen, wie er das Problem schließlich gelöst habe, und er sagte: «Das Einzige, was ich über Bogatoren im Laufe des Tages aufgeschnappt habe, ist, dass sie keine Rundungen haben. Dadurch konnte ich mir das Volumen der größtmöglichen Form ausrechnen und bestellte entsprechend viel Gießharz. Aber nun mache ich mir Sorgen, dass die Bogatoren vielleicht doch die kleinstmögliche Form haben und ich viel zu viel Gießharz bestellt habe.»

Wissen Sie, wie viele überflüssige Liter es höchstens sein können?

Die Ostfriesen

Im August 1996 zog eine neue Familie in unsere Nachbarschaft. Alle waren neugierig und wollten wissen, wer die «Neuen» waren und woher sie kamen. Es dauerte auch nicht lange, bis jeder im Ort wusste, dass die Familie Menzler hieß, aus Ostfriesland kam, einen Sohn namens Julian hatte und dass Herr Menzler Mathematiklehrer war.

Einige Wochen nach dem Einzug der Menzlers ging ich an einem Samstag mit meinem Nachbarn Sigi zur Dorfkneipe. Als wir am Haus der «Neuen» vorbeikamen, stand Herr Menzler im Vorgarten und mähte seinen Rasen. Wir kamen ins Gespräch und luden unseren neuen Nachbarn schließlich ein, mit uns ein Bier zu trinken. Herr Menzler schien sich über die Einladung zu freuen und kam sofort mit.

Es wurde ein lustiger Abend, und Herr Menzler erzählte uns viel von seiner Familie, seiner Heimat und seiner Arbeit. Als ich mich erkundigte, wie alt sein Sohn sei, wollte Herr Menzler es uns aber nicht so leicht machen und antwortete listig: «Im Jahre x^2 wird mein Sohn x Jahre alt werden.»

Leider bin ich kein Mathematiklehrer wie Herr Menzler, und außerdem hatte ich schon zu viel Bier getrunken, um noch kopfrechnen zu können. Auch Sigi ging es nicht anders.

Wissen Sie, in welchem Jahr Julian Menzler geboren wurde?

Hadschi Halef Omar

Beim Aufräumen des Kellers war mir ein altes Karl-May-Buch in die Hände gefallen. Als Jugendlicher hatte ich die Geschichten von Kara Ben Nemsi und Hadschi Halef Omar regelrecht verschlungen, und so fing ich an, in dem Buch zu schmökern. Karl May fesselte mich noch genauso sehr wie früher, und schließlich nahm ich das Buch mit ins Bett und las bis weit nach Mitternacht. Irgendwann müssen mir die Augen zugefallen sein, und ich begann zu träumen.

Langsam ritten Omar Ben Halef und Ali Ibn Abbas auf ihren Kamelen durch die Wüste. Sie waren den ganzen Tag in der sengenden Sonne geritten, und ihre Wasservorräte gingen zur Neige, als sie in der Ferne eine Oase entdeckten. Eilig trieben sie ihre Kamele an und erreichten bei Sonnenuntergang die ersten Palmen. Völlig ausgetrocknet stillten die Männer und die Tiere ihren Durst an dem Brunnen. Dann machte Omar aus getrocknetem Kameldung ein Feuer, während Ali die Zelte aufschlug. Schließlich ließen sich beide am Feuer nieder.

Sie wollten gerade ihre Mahlzeit beginnen, da hörten sie Schritte. Schnell griffen sie nach ihren Messern, aber der Mann, der sich mit seinem Kamel näherte, grüßte freundlich und sprach: «Mein Name ist Abul al Gossarah. Ich bin Teppichhändler und komme aus Medina. Habt Ihr noch einen Platz an Eurem Feuer?» Omar senkte das Messer und bat den Fremden Platz zu nehmen. Der Teppichhändler tränkte sein Kamel und ließ sich am Feuer nieder. Omar und Ali holten ihre Fladenbrote aus den Taschen. «Ich habe kein Brot mehr. Würdet Ihr mir etwas von Eurem verkaufen?», fragte Abul al Gossarah. «Was für zwei reicht, wird auch für drei reichen», sprach Ali und reichte dem Teppichhändler ein Brot.

Omar hatte fünf Fladenbrote und Ali drei. Sie teilten das Brot in drei gleiche Teile und aßen sich satt und tranken dazu Wasser aus dem Brunnen der Oase.

Es war schon spät, als sie ihr Mahl beendeten, denn der Teppichhändler wusste viele Geschichten von seinen Reisen zu erzählen. «Ich gebe Euch acht Piaster für das Brot, das ich gegessen habe. Seid Ihr damit einverstanden?» Ali und Omar nahmen das Geld dankend an, aber sie wussten nicht, wie sie es gerecht unter sich aufteilen sollten. Doch der erfahrene Teppichhändler konnte helfen.

Wissen Sie, wie viele Piaster Omar zustanden?

Der Deutsche Bierdeckelclub

Hannes ist Erster Vorsitzender des Schützenvereins, Tambourmajor des Musikkorps, Kassenwart des Kaninchenzuchtvereins, Mitglied im Fußballverein und Zweiter Zugführer bei der freiwilligen Feuerwehr.

Als ich ihn vor ein paar Tagen in der Kneipe traf, steckte er sich einige Bierdeckel ein und erzählte mir, dass er seit kurzem auch Mitglied im Deutschen Bierdeckelclub sei. Er holte seine Brieftasche hervor und zeigte mir stolz den Mitgliedsausweis.
Ich sah mir seinen Ausweis genauer an. Er hatte die Nummer 1 000 072. «Habt ihr etwa schon über eine Million Mitglieder?», staunte ich. «Nein. Leider noch nicht. Aber wir rechnen in den nächsten Jahren mit vielen Neueintritten und haben deshalb unsere Mitgliedsnummern gleich siebenstellig gemacht.» Mir erschien dies doch ein wenig zu optimistisch. «Ihr habt also tat-

sächlich Nummern für insgesamt 9 999 999 Mitglieder vorgesehen?», fragte ich. «Nein, ganz so viele sind es nicht», schränkte Hannes ein. «Der Gründer und Erste Vorsitzende des DBC ist ein wenig abergläubisch. Am 7. 7. 77 ist er das erste und einzige Mal in einer Spielbank gewesen und hat innerhalb einer Stunde hunderttausend Mark gewonnen. Jetzt hält er die Sieben für seine Glückszahl und baut sie überall ein, wo es nur geht. Deshalb sind alle unsere Mitgliedsnummern genau siebenstellig und dürfen auch nicht mit einer Null beginnen. Außerdem muss in jeder Nummer mindestens eine der sieben Ziffern eine Sieben sein. Zahlen wie beispielsweise 2 340 012 scheiden folglich als Mitgliedsnummern aus.»

Ich fand das alles etwas verwirrend und fragte Hannes, wie viele Zahlen denn dann überhaupt als Mitgliedsnummern in Frage kämen. Hannes wusste es auch nicht.

Wissen Sie es?

Die Handschmeichler

Mein Nachbar Alfred ist Tischler, und ich ging zu ihm, um mir einen Elektrohobel auszuleihen.

Alfred wirkte gereizt. Er erzählte, dass er am Nachmittag Besuch vom alten Lehrer Lämpel hatte und eine ganze Stunde von der Arbeit abgehalten worden war. Lämpel fragte, ob Alfred wisse, dass nach der nordischen Mythologie der erste Mann aus einer Esche und die erste Frau aus einer Ulme geschnitzt worden seien oder nach einer griechischen Sage das Ehepaar Philemon und Baucis am Ende ihres Lebens nicht starben, sondern in eine Eiche und eine Linde verwandelt worden seien. «Erst nach einer vollen Stunde kam er zur Sache und bestellte bei mir zwei Kugeln aus Eibenholz», berichtete Alfred. «Eine sollte einen Durchmesser von acht und eine von zwölf Zentimetern haben. ‹Polieren Sie sie auf Hochglanz. Ich möchte sie als Handschmeichler meiner Tochter und meinem Schwiegersohn schenken. Sie leben in München und feiern übermorgen ihren Hochzeitstag. Bitte schicken Sie sie direkt dorthin.›»

«Was sind denn Handschmeichler?», wollte ich wissen. Alfred zuckte mit den Schultern. «Keine Ahnung, und es interessiert mich auch nicht.» Er sah auf seine Uhr. «Ach, du meine Güte! Es ist ja schon fünf Uhr! Ich muss dringend weg. Würdest du mir einen großen Gefallen tun?» Er drückte mir einen Zettel in die Hand. «Dies ist die Adresse von Lämpels Tochter. Bitte verpacke die beiden Kugeln und bringe das Päckchen zur Post. Dort in der Ecke findest du das Verpackungsmaterial, das du brauchst.» Bevor ich etwas erwidern konnte, war er verschwunden.

Alfred hatte übertrieben. In der Ecke lagen nur einige alte Briefumschläge und ein Bogen Packpapier. Deshalb suchte ich seine ganze Werkstatt nach einem passenden Karton ab. Schließlich fand ich eine kurze zylindrische Röhre von achtzehn Zentimetern Durchmesser, die sich an den Enden mit zwei Plastikkappen verschließen ließ. Ich hatte Glück: Die beiden Kugeln passten haargenau in die Röhre. Wäre sie auch nur einen Millimeter kürzer gewesen, hätte ich mir ein anderes Behältnis suchen müssen.

Wissen Sie, wie lang die Röhre war?

Über vier Banden

In der Nähe meiner Firma gibt es eine gemütliche Eckkneipe mit einem Billardtisch. Am Nachmittag sind erst wenige Gäste da. Hin und wieder gehe ich mit einem Kollegen nach der Arbeit dorthin, um in aller Ruhe bei einem Glas Bier ein wenig Billard zu spielen. So auch am letzten Freitag. Helmut war bester Laune und machte schon ein paar Probestöße mit dem Queue, während ich unser Bier bestellte.

«Ich habe in den letzten Wochen geübt», sagte Helmut. «Pass auf, ich zeige dir mal was.» Er kreidete die Spitze seines Queues ein und warf mir die Kreide zu. Ich sollte an irgendeiner Stelle des Tisches ein Kreuz zeichnen und die weiße Kugel darauf legen. Helmut beugte sich über den Tisch, zielte sorgfältig mit dem Queue auf die Kugel und stieß zu. Die Kugel prallte auf ihrer Bahn einmal an jede der vier Banden des Tisches und lief schließlich wieder genau über das Kreidekreuz. Ich war verblüfft. Wir waren beide bisher eigentlich recht schlechte Billardspieler gewesen.

«Das war bestimmt Zufall!», behauptete ich. Helmut forderte mich auf, die Kugel noch einmal auf das Kreuz zu legen, und dann wiederholte er den Stoß mit der gleichen Präzision. Ich wollte es immer noch nicht glauben und zeichnete mit der Kreide an einer anderen Stelle des Tisches ein Kreuz, aber auch von diesem Punkt aus konnte Helmut den Vier-Banden-Stoß perfekt ausführen.

Dann forderte er mich auf, es auch einmal zu versuchen. Ich wehrte ab. «Nein, nein, das schaffe ich nie. Aber mir fällt da et-

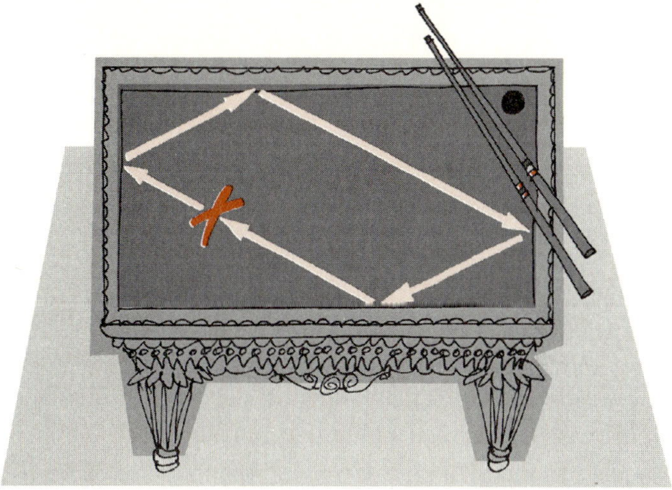

was anderes ein. Du interessierst dich doch immer für geometrische Probleme. Weißt du, wie lang der Weg der Kugel bei deinem Vier-Banden-Stoß ist, vom Start am Kreidekreuz, bis sie wieder über das Kreuz rollt?» – «Das hängt davon ab, an welche Stelle du das Kreuz zeichnest», vermutete er. Da konnte ich auftrumpfen. «O nein, davon ist es völlig unabhängig.»
Nun begann Helmut zu rechnen, und aus unserem Billardspiel wurde nichts mehr. Schließlich hatte er nach einer halben Stunde das richtige Ergebnis.
Wissen auch Sie, wie lang der Weg der Kugel ist? Die Platte des Billardtisches ist 1,20 Meter breit und 2,40 Meter lang. Sie können die Dicke der Kugel vernachlässigen und bei der Reflexion an einer Bande annehmen, dass Einfalls- und Ausfallswinkel gleich sind.

Der Wurm drin

Es war noch früh am Abend, als ich unsere Dorfkneipe betrat. Nur Alfred, der Tischler aus meiner Nachbarschaft, saß auf einem Barhocker an der Theke.

Ich setzte mich zu ihm und fragte, wie sein Tag gewesen sei. Er winkte ab. «Ach, ich war heute bei der alten Frenswegen.» Frau von Frenswegen war die Klavierlehrerin unserer Töchter gewesen, und obwohl sie höchstens einen Meter fünfzig groß ist, hat man immer das Gefühl, sie blicke auf einen herab.

Alfred nahm einen Schluck Bier und begann zu erzählen. «Als ich in ihr Haus kam, begrüßte sie mich mit den Worten: ‹Es wird auch Zeit, dass Sie endlich kommen! Die Holzwürmer fressen meine ganze Wohnung auf.› Ein einfaches altes Regal aus Tannenbrettern war wurmstichig, aber sie war überzeugt, dass die Holzwürmer in den nächsten Tagen auch den Rest ihrer Möbel zerfressen würden. Sie ließ sich nicht beruhigen. ‹Wenn sie nur das Regal zerstört hätten, wäre es ja nicht so schlimm, aber einem der Holzwürmer scheint auch Papier zu schmecken. Er hat sich durch meine ganze Musikenzyklopädie gefressen.› Sie zeigte auf die wertvollen Bände mit Lederrücken. Sie waren von links nach rechts mit großen goldgeprägten Zahlen von eins bis zehn nummeriert. ‹Schauen Sie sich das an.› Sie nahm einen Band aus dem Regal und gab ihn mir. Der Holzwurm hatte einen Gang durch beide Buchdeckel und alle Seiten genagt. ‹Der Wurm hat sich durch sämtliche Bücher gefressen›, sagte die alte Dame empört. ‹Irgendwie ist der Wurm zwischen den vorderen Buchdeckel und die erste Seite des ersten Bandes geraten und hat dort angefangen zu fressen und erst auf der letzten Seite vom letzten Band aufgehört. Schauen Sie, er sitzt noch zwischen dem letzten Blatt und dem hinteren Buchdeckel. Ich verstehe gar nicht, dass ein so kleines Tier so viel fressen kann. Schließlich hat jeder Band genau fünfhundert Seiten und auch noch zwei Buchdeckel.›

Streng sah sie mich durch ihre Brille an. ‹Junger Mann, nun rechnen Sie einmal aus, durch wie viel Blatt Papier und wie viele Buchdeckel sich der Wurm gefressen hat.› Ich überhörte ihre Aufforderung und verabschiedete mich schleunigst.»

Können Sie Frau von Frenswegens Aufgabe lösen?

Ein seltener Geburtstag

An einem kalten, windigen Abend im Februar 1996 fuhren wir zu meinem Arbeitskollegen Reiner, der an diesem Tag Geburtstag hatte. Als wir ankamen, waren die meisten Gäste schon da. Wir begrüßten Reiner und begannen, uns neugierig umzusehen. Überall standen chic gekleidete junge Leute herum, in der einen Hand ein Handy, in der anderen ein Glas Champagner. Wir hatten unseren Spaß, sie zu beobachten und Fetzen ihrer Gespräche aufzuschnappen. Da klopfte Reiner mit dem Löffel an sein Glas. Alle Gäste wurden still und schauten ihn erwartungsvoll an. «Dieser Geburtstag ist ein besonderer Geburtstag», begann er. «Er findet nämlich am fünften Donnerstag des Monats statt. Der Tag, an dem ich geboren wurde, war ebenfalls der fünfte Donnerstag des Monats, und seitdem hatte ich kein einziges Mal wieder an einem fünften Donnerstag des Monats Geburtstag.» Er hob sein Glas. «Lasst uns also auf diesen besonderen Tag anstoßen.»

Als ich Reiner später unsere Geschenke überreichte, fragte ich ihn: «Wie alt bist du eigentlich heute geworden?» Er grinste. «Hättest du mir vorhin zugehört, könntest du es dir leicht selbst überlegen.» Ich hatte zwar zugehört, aber ich hatte keine Ahnung, wie ich daraus auf sein Alter schließen konnte.

Wissen Sie, wie alt mein Arbeitskollege geworden war?

Wo Kuh und Ziege sich treffen

Vor einigen Jahren verbrachte ich mit meiner Familie die Ferien in Griechenland. Gleich am zweiten Tag lieh ich mir ein Fahrrad und fuhr von der Küste aus über schmale, kurvenreiche Straßen weit ins Hinterland. Gegen Mittag kam ich zu einer kleinen Taverne, die auf einer Anhöhe lag und einen wunderschönen Ausblick bot. Von der Fahrt und der ungewohnten Hitze ermüdet, hielt ich an und setzte mich an einen Tisch im Garten der Taverne.

Der Wirt brachte mir etwas zu trinken, und da er ein wenig Deutsch konnte, kamen wir ins Gespräch. Er erzählte mir, dass er von der Taverne allein nicht leben könne und deshalb noch eine kleine Landwirtschaft habe. Hauptsächlich baue er Wein und Oliven an, aber er besitze auch etwas Vieh. Er deutete auf eine Kuh und eine Ziege, die hinten im Garten das spärliche Gras fraßen. Die mageren Tiere waren mit Stricken jeweils an einen Pflock gebunden, sodass sie beide nur einen kreisförmigen Ausschnitt des Gartens zum Grasen hatten. Das Seil der Kuh war länger als das der Ziege, und die Pflöcke standen so dicht zusammen, dass sich die Kreise überlappten. «Ihre Kuh hat es aber besser als die Ziege. Sie hat ein größeres Stück vom Garten und kann auch noch der Ziege einen Teil wegnehmen», sagte ich. «Sie ist auch größer und braucht deshalb mehr», bekam ich zur Antwort.

Als der Wirt in die Taverne zurückgegangen war, wollte ich es genau wissen. Ich schritt die Längen ab. Das Seil der Kuh war vier und das der Ziege drei Meter lang, und die beiden Pflöcke

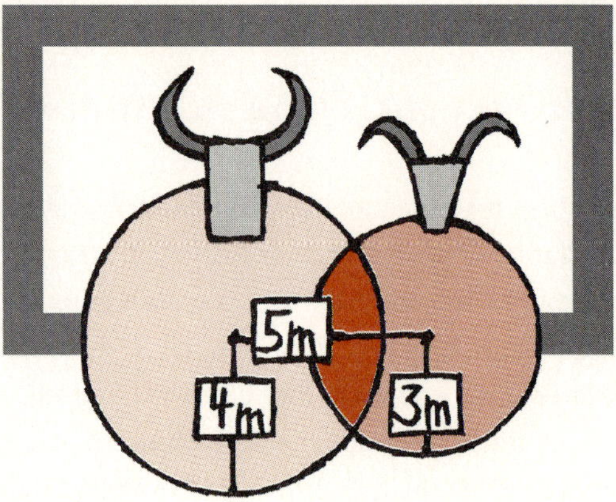

hatten einen Abstand von fünf Metern. Jetzt konnte ich es mir ausrechnen: Um wie viele Quadratmeter war die Weidefläche, die die Kuh für sich allein hatte, größer als die Fläche, die die Ziege für sich allein hatte? Mit anderen Worten: Wie groß war die Differenz der Flächeninhalte der sich nicht überlappenden Kreisteile?

Können auch Sie diese Frage beantworten?

Die einsilbige Marktfrau

Es war kalt und nieselte. Eigentlich kein idealer Tag, um durch Gelsenkirchen zu bummeln. Da ich aber nun einmal dort war und noch über eine Stunde auf meinen Zug warten musste, sah ich mir ein wenig die Innenstadt an.

Ich kam an einem kleinen Wochenmarkt vorbei. Es war schon spät, und die ersten Marktleute begannen, ihre Stände abzubauen. «Eine kleiner Imbiss wäre jetzt nicht schlecht», dachte ich und ging zu einem Obststand. Die Marktfrau blickte von ihrer Zeitung auf und sah mich fragend an. «Ich möchte gern einen Apfel», sagte ich. «Cox' Orange? Alkmene? Braeburn?», fragte die Verkäuferin. Ich kenne mich mit Apfelsorten überhaupt nicht aus. Darum wollte ich wissen, welcher der günstigste sei. Sie faltete ihre Zeitung zusammen, nahm einige Äpfel aus den Steigen und ging an die Waage. Dann sagte sie: «Ein Braeburn ist teurer als zwei Alkmene. Drei Alkmene kosten mehr als vier

Cox' Orange. Drei Cox' Orange sind teurer als ein Braeburn.» Ich war vollständig verwirrt und beschloss, von jeder Sorte einen zu nehmen. «Macht einen Euro.» Die Marktfrau beherrschte es offensichtlich perfekt, mit einem Minimum von Wörtern ein Verkaufsgespräch zu führen. Ich gab ihr das Geld und bekam dafür meine drei Äpfel.

Als ich zum Bahnhof ging und das Obst aß, fragte ich mich, wie viel denn nun eigentlich die einzelnen Äpfel gekostet hatten.

Wissen Sie es? Sie dürfen davon ausgehen, dass jeder Apfel einen ganzzahligen Centpreis hatte.

Eine Reise zu den Planeten

Manchmal, wenn ich mir einen Science-Fiction-Film angesehen habe, wünsche ich mir, zweihundert Jahre später geboren worden zu sein, und male mir dann die wunderbarsten Geschichten aus:

Zu unserem Hochzeitstag wollten meine Frau und ich eine große Reise machen. Es sollte nicht nur die Südsee oder der Mond sein, sondern etwas ganz Besonderes. Wir gingen in das beste Reisebüro der Stadt.

«Es gibt herrliche Reiseziele. Lassen Sie die gute alte Erde doch mal eine Zeit lang hinter sich. Ich werde Ihnen ein paar Angebote zeigen. Sehen Sie sich das an: Sonnenbaden auf dem Merkur, Aktivurlaub auf dem Mars, Wandern auf dem Jupiter oder Winterurlaub auf einem der vier äußeren Planeten.» Der junge Mann pries die Planeten in den schönsten Farben.

«Was meinst du?», fragte ich meine Frau, und sie erkundigte sich bei dem Verkäufer, was so eine Reise kostet. «Das hängt davon ab, wohin Sie fliegen. Der Urlaub selbst kostet auf allen Planeten etwa gleich viel, aber die Raumflüge sind unterschiedlich teuer. Die Preise hängen vom zeitlichen Mittel der Entfernung des jeweiligen Planeten von der Erde ab. Hier haben Sie eine Preisliste.»

Meine Frau entschied: «Wir nehmen diesen Planeten. Dorthin ist der Flug am billigsten.»

Auf welchem Planeten unseres Sonnensystems verbrachten wir – in meinem Tagtraum – unseren Urlaub? Sie können für Ihre Überlegungen annehmen, dass die Planetenbahnen konzentrische Kreise sind, die in einer Ebene liegen und in deren Mittelpunkt die Sonne steht. Alle Planeten haben den gleichen Umlaufsinn. Die wichtigsten Daten über die neun Planeten finden Sie in der Tabelle.

Name	Abstand von der Sonne	Umlaufzeit um die Sonne
Merkur	58 000 000 km	0,24 Jahre
Venus	108 000 000 km	0,61 Jahre
Erde	149 000 000 km	1,00 Jahr
Mars	228 000 000 km	1,88 Jahre
Jupiter	778 000 000 km	11,86 Jahre
Saturn	1 429 000 000 km	29,46 Jahre
Uranus	2 868 000 000 km	84,01 Jahre
Neptun	4 494 000 000 km	164,79 Jahre
Pluto	5 899 000 000 km	247,70 Jahre

Lösungen

Vorwort

Bezeichnet man Diophantus' Lebenszeit mit x, so war er $x/6$ jung, $x/12$ später begann sein Bart zu sprießen, $x/7$ danach heiratete er, und 5 Jahre nach seiner Hochzeit wurde sein Sohn geboren. Der Sohn wurde $x/2$ alt, und 4 Jahre nach dem Tod seines Sohnes starb auch Diophantus. Nun kann man die Lebenszeit auch als Gleichung schreiben.

$$x = \frac{x}{6} + \frac{x}{12} + \frac{x}{7} + 5 + \frac{x}{2} + 4$$

Löst man diesen Ausdruck nach x auf, so erhält man Diophantus' Lebenszeit von 84 Jahren.

Das magische Dreieck

Die Figur enthält zwar verblüffend viele Dreiecke, aber es ist nicht allzu schwer, sie systematisch zu zählen.
Um es möglichst einfach zu haben, entfernt man in Gedanken zunächst die Verbindungslinie zwischen den beiden Ecken A und B.
Jedes Dreieck dieser vereinfachten Figur wird von zwei Linien begrenzt, die in A beginnen, und von einer, die in B beginnt, oder umgekehrt von zwei Linien, die in B beginnen, und einer, die in A beginnt. Da von A insgesamt fünf Linien ausgehen, kann man daraus $\frac{1}{2} \cdot 5(5-1) = 10$ verschiedene Linienpaare bilden. Zusammen mit den fünf Linien, die in B beginnen, ergibt dies $10 \cdot 5 = 50$ Dreiecke. Auch aus den Linienpaaren, die von B aus-

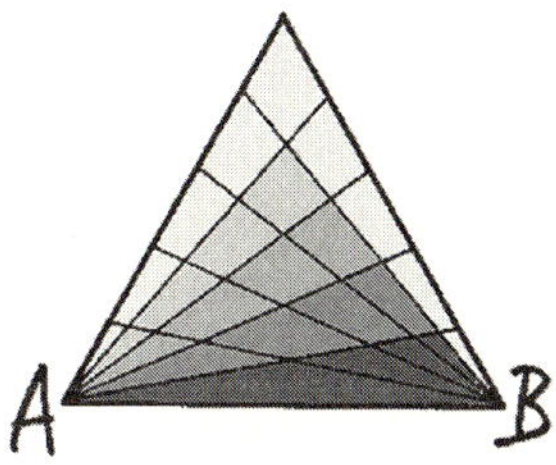

gehen, entstehen 50 Dreiecke, sodass man nun insgesamt 100 Dreiecke hat.
Jetzt fügt man die zunächst entfernte Linie *AB* wieder ein. Jede von *A* ausgehende Linie bildet mit jeder von *B* ausgehenden Linie und der Linie *AB* ein Dreieck. Dadurch kommen noch 5 · 5 = 25 Dreiecke hinzu. Insgesamt enthält die Figur also 125 Dreiecke.

Mensch, ärgere dich nicht!

Auf das quadratische Stück Folie wird das Muster aus der Abbildung gezeichnet, und dann werden die farbigen Dreiecke ausgeschnitten.

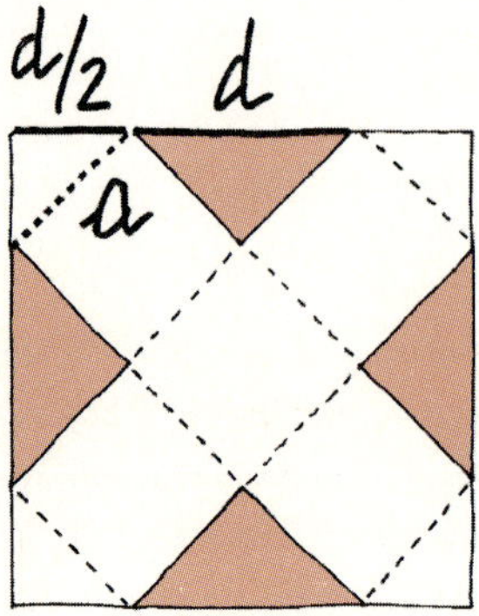

Nun kann man den Würfel auf das mittlere Quadrat stellen. Klappt man dann die vier Folienenden hoch, legen sich die anderen vier Quadrate an die vier vertikalen Seitenflächen des Würfels, und die vier dreieckigen Spitzen bedecken genau die obere Würfelfläche. Bezeichnet man die Kantenlänge des Würfels mit *a*, kann man die Länge *d* ihrer Seitenflächendiagonalen mit dem Satz des Pythagoras zu

$$d = \sqrt{a^2 + a^2} = a\sqrt{2}$$

berechnen. Da die Seiten des Folienquadrates sich aus zwei halben und einer ganzen Würfelflächendiagonalen zusammensetzen, haben sie die Länge

$$2\sqrt{2}\,a = 2\sqrt{2} \cdot 30 \text{ cm} \approx 85 \text{ cm}$$

Die perfekte Dartscheibe

Um die Differenz der Punktzahlen zweier benachbarter Felder eines Dartboards zu bestimmen, zieht man von der größeren Zahl die kleinere ab. Beide Zahlen werden also je einmal berücksichtigt. Da es zwanzig Paare von benachbarten Feldern gibt, gehen somit alle zwanzig Zahlen je zweimal in die Rechnung ein. Dabei werden zwanzig Werte positiv und zwanzig negativ gezählt. Die größte Differenzensumme Σ erhält man folglich, wenn man die zehn größten Zahlen zweimal positiv und die zehn kleinsten zweimal negativ rechnet.

$$\Sigma = 2[(11 + 12 + 13 + \ldots + 20) - (1 + 2 + 3 + \ldots + 10)] = 200$$

Bei einem Dartboard mit dieser höchstmöglichen Differenzensumme von 200 wechseln sich immer ein Feld mit einer Zahl aus dem Bereich von 11 bis 20 Punkten und eines mit einer Zahl zwischen 1 und 10 Punkten ab.

Landratten auf hoher See

Drei Viertel der gesamten Strecke des Segeltörns entsprechen zwei ganzen Abschnitten und einem viertel Abschnitt. Bezeichnet man die Fahrtzeiten auf den drei Abschnitten mit t_1, t_2 und t_3, so lassen sich die Erinnerungen der Segler durch die drei folgenden Gleichungen ausdrücken:

$$t_1 + t_2 + \frac{1}{4}t_3 = 210 \text{ min}$$

$$\frac{1}{4}t_1 + t_2 + t_3 = 270 \text{ min}$$

$$t_2 - t_1 = 10 \text{ min}$$

Löst man diese Gleichungen mit den üblichen Regeln nach den Zeiten auf, erhält man $t_1 = 80$ min, $t_2 = 90$ min und $t_3 = 160$ min. Der Törn hat also insgesamt 330 Minuten oder fünfeinhalb Stunden gedauert.

Puzzeln mit Strategie

Bevor man mit dem Zusammensetzen des Puzzles beginnt, besteht es aus tausend Teilen, am Ende ist es nur noch ein einziges Teil, nämlich das fertige Bild. Da sich mit jedem Zug die Anzahl der Teile um eines verringert, sind insgesamt 999 Züge notwendig. Welche Strategie man beim Zusammensetzen verfolgt, spielt dabei also keine Rolle.

Gut geschätzt ist halb gewonnen

Es scheint nahe zu liegen, dass Alfred den Mittelwert 240 seines Schätzbereichs von 200 bis 280 nennen sollte. Doch damit würde er nur gewinnen, wenn die tatsächliche Anzahl der Nägel zwischen 236 und 262 läge. In allen anderen Fällen wäre einer der anderen drei Lehrlinge mit seiner Schätzung näher an der richtigen Zahl. Das bedeutet, die tatsächliche Nägelzahl dürfte nur in einem schmalen Bereich von 27 verschiedenen Anzahlen liegen, damit Alfred gewinnen könnte.
Auch bei allen anderen Schätzwerten, die zwischen 231 und 285 lägen, gäbe es nur Bereiche von entweder 26 oder 27 Zahlen, in denen Alfred gewinnen könnte.
Würde Alfred jedoch die Zahl 230 nennen, so würde er gewinnen, wenn die tatsächliche Anzahl der Nägel zwischen 189 und 230 läge, also in einem Bereich von 41 Zahlen, von denen 31 in seinem Schätzbereich lägen.
Alfred hat somit die größten Gewinnchancen, wenn er die Zahl 230 nennt.

Die drei klugen Enkelinnen

Bezeichnet man die Alter der drei Enkelinnen mit x, y und z, wobei angenommen wird, dass $x > y \geqq z$ ist, lassen sich die Informationen aus der Aufgabe zu folgenden Beziehungen zusammenfassen:

$$x < 18$$
$$x = 2(y + z)$$
$$x = y \cdot z$$

Setzt man die beiden Gleichungen für x gleich und löst sie nach y auf, erhält man

$$y = \frac{2z}{z-2}$$

Da der Nenner des Bruches $z - 2$ beträgt, erhält man nur für $z > 2$ einen positiven Wert für y. Nimmt man $z = 3$ an, ergibt sich $y = 6$ und $x = 18$. Dies kann keine Lösung sein, weil x zu groß ist. Für $z = 4$ erhält man $y = 4$ und $x = 16$, also eine mögliche Lösung. Für alle größeren Werte von z wird $y > z$, deshalb scheiden diese Fälle aus.
Anna ist also sechzehn Jahre alt, Britta und Christina sind Zwillinge und vier Jahre alt.

Barbarossas Park

Der Park kann in vier Rechtecke unterteilt werden, die alle am Brunnen zusammenstoßen und die die vier Wege als Diagonalen haben. In der Skizze ist mit den Buchstaben die jeweilige Zeitdauer bezeichnet, die ein Spaziergang entlang der Wege und der Parkseiten erfordert. Dabei sind $a = 7$ min, $b = 6$ min und $c = 2$ min aus der Aufgabe bekannt.
Da die Wege und die Parkseiten rechtwinklige Dreiecke bilden, ergibt der Satz des Pythagoras:

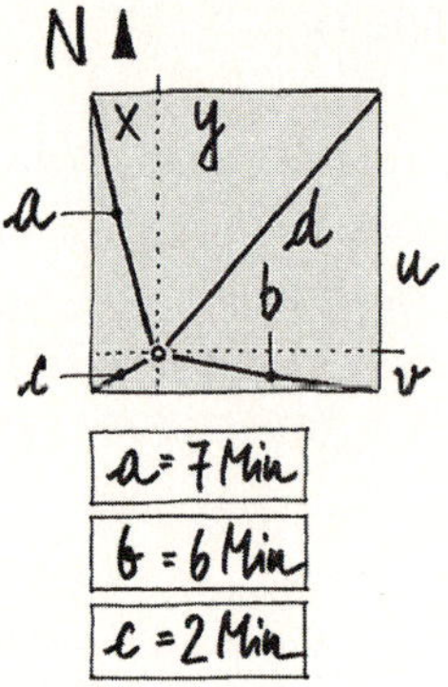

$$a^2 = u^2 + x^2$$
$$b^2 = v^2 + y^2$$
$$c^2 = v^2 + x^2$$
$$d^2 = u^2 + y^2$$

Zählt man die ersten beiden und die letzten beiden Gleichungen zusammen, erhält man

$$a^2 + b^2 = u^2 + v^2 + x^2 + y^2$$

und

$$c^2 + d^2 = u^2 + v^2 + x^2 + y^2$$

Da bei beiden Gleichungen die rechten Seiten gleich sind, müssen es auch die linken sein. Also ist $a^2 + b^2 = c^2 + d^2$ und folglich $d = \sqrt{a^2 + b^2 - c^2} = 9$ Minuten.

Ich war also vom Brunnen bis zur Nordostecke des Parks neun Minuten unterwegs.

Domino für Fortgeschrittene

Mit diesen drei Dominosteinen kann man mit direkt nebeneinander liegenden Feldern jede Augensumme von 1 bis 17 bilden.

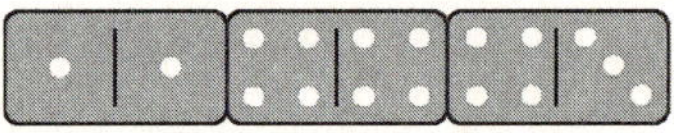

1 = 1	7 = 4 + 3	13 = 1 + 4 + 4 + 4
2 = 1 + 1	8 = 4 + 4	14 = 1 + 1 + 4 + 4 + 4
3 = 3	9 = 1 + 4 + 4	15 = 4 + 4 + 4 + 3
4 = 4	10 = 1 + 1 + 4 + 4	16 = 1 + 4 + 4 + 4 + 3
5 = 1 + 4	11 = 4 + 4 + 3	17 = 1 + 1 + 4 + 4 + 4 + 3
6 = 1 + 1 + 4	12 = 4 + 4 + 4	

Rätselhafte Schaltjahre

Um diese Aufgabe lösen zu können, muss man die Schaltjahresregel genau kennen. Ein Jahr ist immer dann ein Schaltjahr, wenn die Jahreszahl durch 4 teilbar ist. Ausgenommen sind jedoch die Jahre, die zwar durch 100, nicht aber durch 400 teilbar sind. Das bedeutet, dass beispielsweise 1896, 1904, 1908 und 2000 Schaltjahre sind, jedoch 1900 ein Gemeinjahr ist.

Albert, Heinrich und Wilhelm haben folgende Behauptungen aufgestellt:

Albert:
1. Alle drei Jahre ist ein Schaltjahr.
2. Wir schreiben das Jahr 1916.
3. Was Wilhelm über mich sagen wird, ist falsch.
4. Wir leben im 20. Jahrhundert.

Heinrich:
1. Wir haben schon über sechs Jahre kein Schaltjahr gehabt.
2. Wilhelms dritte Behauptung wird falsch sein.
3. Albert sagt immer die Wahrheit.
4. Dies ist das Jahr 1908.

Wilhelm:
1. Heinrichs erste Aussage ist falsch.
2. Wir haben nicht das Jahr 1920.
3. Alberts erste Aussage ist falsch.
4. Heinrichs dritte Aussage ist falsch.

Alberts erste Aussage ist falsch. Das bedeutet, dass Heinrichs dritte Behauptung falsch und Wilhelms dritte Behauptung richtig ist. Dies wiederum hat zur Folge, dass Alberts dritte und Heinrichs zweite Aussage falsch sind und Wilhelms vierte Behauptung richtig ist.

Wenn Alberts zweite Aussage wahr wäre, würden alle Behauptungen von Heinrich falsch sein. Das ist aber nicht möglich, da jeder mindestens einmal die Wahrheit sagt. Folglich ist Alberts zweite Aussage falsch und seine vierte richtig.

Auch wenn Wilhelms zweite Aussage unwahr wäre, würden alle Behauptungen von Heinrich falsch sein. Folglich ist sie richtig. Weil Wil-

helm mindestens einmal die Unwahrheit gesagt hat, muss seine erste Behauptung falsch und damit Heinrichs erste wahr sein.
Das einzige Jahr im 20. Jahrhundert, in dem man sagen kann, es habe schon über 6 Jahre kein Schaltjahr mehr gegeben, ist 1903. Folglich stammt die Tagebucheintragung meines Großvaters aus diesem Jahr.

Das Haus vom Nikolaus

Wenn man das Haus vom Nikolaus in einem Zug zeichnen will, muss man mit der Bleistiftspitze aus jeder Ecke, in die man hineinläuft, auch wieder herauslaufen. Will man also alle Linien zeichnen, die sich an einer Ecke treffen, muss die Linienzahl an dieser Ecke gerade sein. Eine Ausnahme bilden die beiden Ecken, an denen man den Linienzug beginnt und beendet.

Die beiden oberen Ecken des Nikolaushauses haben eine gerade Linienzahl und die beiden unteren eine ungerade. Folglich muss der Linienzug an der einen unteren Ecke beginnen und an der anderen enden. Da gleiche Wege, die man in umgekehrter Richtung zeichnet, nicht als verschieden zählen, sollen alle Wege an der unteren linken Ecke beginnen.

Ist man beim Zeichnen mit dem Bleistift das erste Mal in einer Ecke, so hat man an den Ecken links unten, links oben und rechts oben jeweils drei Möglichkeiten und an der Ecke unten rechts zwei Möglichkeiten, wie man weiterzeichnen kann. Gelangt man das zweite Mal in eine Ecke, so gibt es keine Wahlmöglichkeiten mehr. Insgesamt hat man also $3 \cdot 3 \cdot 3 \cdot 2 = 54$ verschiedene Möglichkeiten für das Nikolaushaus. Um diese Möglichkeiten zu überprüfen, geht man am besten systematisch vor, indem man beim Zeichnen beispielsweise die Entscheidungsmöglichkeiten an jeder Ecke im Uhrzeigersinn abarbeitet. Auf diese Weise stellt man fest, dass für zehn der Möglichkeiten kein geschlossener Weg existiert. Es bleiben also insgesamt 44 verschiedene Wege, um das Haus des Nikolaus zu zeichnen.

In der Skizze sind 22 Wege gezeichnet. Die noch fehlenden 22 Wege sind die Spiegelbilder der ersten 22.

Der verrückte Terrier

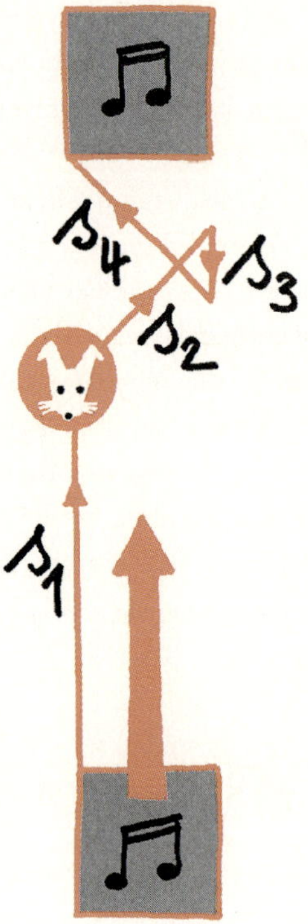

Das Musikkorps marschierte mit einer Geschwindigkeit von $u = 4$ km/h in einer quadratischen Formation von $a = 9$ m Seitenlänge. Zerberus umrundete das Korps mit einer Geschwindigkeit $v = 5$ km/h. Dabei bestand sein Weg aus den vier Abschnitten s_1, s_2, s_3 und s_4. In der Zeit t_1, in der Zerberus von der hinteren linken Ecke zur vorderen linken Ecke der Formation rannte, bewegte sich diese um die Strecke ut_1 vorwärts. Es gilt also $s_1 = vt_1 = a + ut_1$ und somit nach dem Eliminieren der Zeit

$$s_1 = \frac{av}{(v-u)}$$

Auch in der Zeit t_2, die Zerberus brauchte, um die Front zu passieren, marschierte das Korps weiter, und es gilt

$$s_2^2 = (t_2 v)^2 = a^2 + (t_2 u)^2$$

und folglich

$$s_2 = \frac{av}{\sqrt{v^2 - u^2}}$$

Aus analogen Überlegungen ergibt sich $s_3 = vt_3 = a - ut_3$ und $s_3 = \dfrac{av}{(v+u)}$ und $s_4 = s_2$.

Die gesamte von Zerberus zurückgelegte Strecke beträgt somit

$$s = av\left(\frac{1}{v-u} + \frac{1}{v+u} + \frac{2}{\sqrt{v^2 - u^2}}\right) = 80 \text{ m}$$

Wer wird Deutscher Meister?

Die beiden schlechtesten Mannschaften treten insgesamt zweimal gegeneinander an. Die Ergebnisse dieser beiden Spiele sind für die Überlegungen jedoch ohne Bedeutung. Von den restlichen 304 Spielen der Saison sollte keines unentschieden ausgehen, um möglichst viele Punkte verteilen zu können. Damit nun der dritte Absteiger eine Höchstzahl an Punkten bekommt, müssen die 304 × 3 = 912 Punkte gleichmäßig auf die sechzehn ersten Vereine verteilt sein. Das heißt, jeder Verein und damit auch der dritte Absteiger hat 57 Punkte.

Überholmanöver

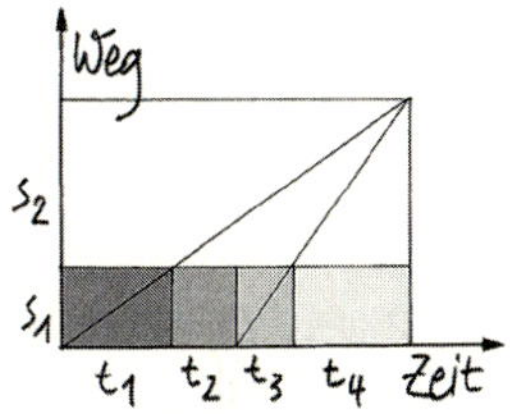

Am einfachsten lässt sich das Problem lösen, wenn man es aus der Sicht des Lokomotivführers betrachtet und sich vorstellt, dass der Zug stillsteht und die beiden Radler ihn, mit hoher Geschwindigkeit rückwärts fahrend, passieren.
Aus der Sicht des Lokführers benötigt der erste Radler die Zeit t_1 = 36 s, um an dem Zug der Länge s_1 vorbeizufahren. t_2 = 18 s später passiert der zweite Radler innerhalb der Zeitspanne t_3 den Zug, t_4 = 240 s danach treffen sich die beiden Radfahrer. Auf Grund des Strahlensatzes gilt

$$\frac{s_1}{s_1 + s_2} = \frac{t_1}{t_1 + t_2 + t_3 + t_4} = \frac{t_3}{t_3 + t_4}$$

Löst man diese Gleichung nach t_3 auf, erhält man

$$t_3 = -\frac{1}{2}(t_3 + t_4) \pm \sqrt{\frac{1}{4}(t_2 + t_4)^2 + t_1 t_4}$$

Daraus ergibt sich die positive Lösung t_3 = 30 s.

Madame Futura

Nehmen wir einmal an, Madame Futura hat n Karten auf ihrem Tisch ausgelegt. Da die Werte dieser Karten zusammen 50 ergeben, muss eine Karte im Mittel den Wert $50/n$ haben. Weil außerdem die Karten direkt aufeinander folgen, müssen ihre Werte ein Intervall von n ganzen Zahlen bilden, die den Wert $50/n$ genau in ihrer Mitte haben. Es gibt dreizehn Pikkarten; n kann also höchstens den Wert 13 haben. Probiert man alle Zahlen von 2 bis 13 für n aus, stellt man fest, dass sich nur für $n = 5$ ein Intervall von n ganzen Zahlen symmetrisch um $50/n$ anordnen lässt. Dies sind die Zahlen 8, 9, 10, 11 und 12 mit dem Mittelwert $50/5 = 10$. Die fünf Karten Pikacht, Pikneun, Pikzehn, Pikbube und Pikdame haben zusammen den Wert 50.

Ein besonderer Rabatt

Eigentlich hätte die Kassiererin ein Wechselgeld w von e Euro und c Cent herausgeben müssen. Rechnet man in Cent, so ist also $w = 100\,e + c$. Aber dadurch, dass sie den Cent- und Eurobetrag vertauschte, zahlte sie den Betrag W von c Euro und e Cent aus. Wieder in Cent gerechnet, ist deshalb $W = 100\,c + e$. Das falsche Wechselgeld war um fünf Cent mehr als das doppelte richtige Wechselgeld, d. h., $W = 2w + 5$. Ersetzt man in dieser Gleichung w und W durch e und c, erhält man nach einigen Umstellungen $c = (199\,e + 5)/98$.
Es gibt mathematische Verfahren, um diese Gleichung zu lösen, aber es geht auch recht schnell durch systematisches Ausprobieren mit einem Taschenrechner. Da c höchstens 99 sein kann und e etwas kleiner als $c/2$ ist, braucht man für e nur die Zahlen zwischen 0 und 49 auszuprobieren. Die einzige ganzzahlige Lösung, die man in diesem Bereich findet, ist $e = 31$ und $c = 63$. Das Buch hatte folglich 100,00 Euro – 31,63 Euro = 68,37 Euro gekostet.

Weihnachtssterne im Frühjahr

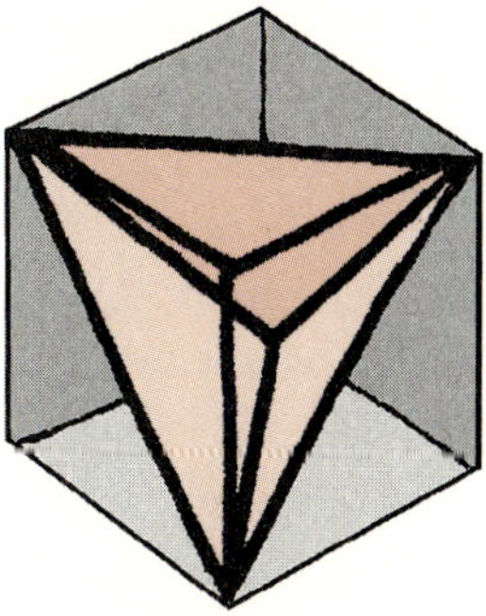

Da ein regelmäßiges Tetraeder keine rechten Winkel hat, ist es nicht leicht, ihn sich in Gedanken vorzustellen, schon gar nicht, wenn auf seine Flächen auch noch vier Pyramiden gesetzt werden sollen. Am besten ist es, man bastelt sich ein Modell aus Karton.
Damit ist es nun nicht mehr allzu schwer, sich die Lösung zu überlegen: Jeweils zwei dreieckige benachbarte Pyramidenflächen ergeben ein Quadrat, und auf diese Weise wird der Sternkörper zu einem Würfel.

Beim zwölften Glockenschlag

Nahe liegend, aber falsch ist, dass die Kirchturmuhr mittags für ihre zwölf Schläge 36 Sekunden benötigt. Das liegt daran, dass der Glockenschlag selbst sehr kurz ist und praktisch die gesamte Zeit für die Pausen zwischen den Schlägen gebraucht wird.
Wenn die Uhr also sieben schlägt, dauern die sechs Pausen zusammen 21 Sekunden. Somit hat jede Pause eine Länge von $21/6 = 3{,}5$ Sekunden, und die Uhr braucht für den Zwölf-Uhr-Schlag elf Pausen und folglich $3{,}5 \cdot 11 = 38{,}5$ Sekunden.

Quadratzahlen am Pool

Am einfachsten lässt sich das Problem lösen, wenn man zunächst einmal alle achtundsechzig vierstelligen Quadratzahlen auflistet. Die kleinste dieser Quadratzahlen ist $32^2 = 1024$ und die größte $99^2 = 9801$. Die für NEUN in Frage kommenden Zahlen müssen mit der gleichen Ziffer beginnen und enden. Unter den achtundsechzig Quadratzahlen gibt es fünf mit dieser Eigenschaft: 1521, 1681, 4624, 5625 und 9409. «E» ist der einzige Buchstabe, der sowohl in NEUN als auch in VIER vorkommt. Würde man VIER und damit auch «E» kennen, so könnte man NEUN wissen, wenn «E» 4 oder 5 wäre. Ist «E» jedoch 6, so kann man, falls VIER entweder 1764 oder 4761 ist, eindeutig auf NEUN = 5625 schließen. Allerdings ist dabei der Rückschluss nicht mehr eindeutig: Aus NEUN = 5625 kann man nicht zwischen VIER = 1764 und VIER = 4761 unterscheiden. NEUN ist folglich 1521 oder 9409.

Falls NEUN für 1521 stünde, könnte VIER nur eine Zahl sein, deren Ziffern alle verschieden wären, die keine 1 und 2 enthielte und deren vorletzte Ziffer eine 5 wäre. Dafür kommen die beiden Quadratzahlen 4356 und 7056 in Frage. Sie können aber dennoch nicht VIER sein, denn dann könnte man aus der Kenntnis von NEUN nicht eindeutig auf VIER schließen.

Wenn aber NEUN 9409 wäre, dürfte VIER nur eine Zahl mit lauter unterschiedlichen Ziffern sein, von denen keine 0 oder 9 wäre und deren vorletzte eine 4 sein müsste. Nur 6241 hat diese Eigenschaft. Folglich gilt VIER = $6241 = 79^2$ und NEUN = $9409 = 97^2$.

Münchhausens Hängebrücke

Die naheliegendste Lösung ist, dass Baron Münchhausen *(M)*, weil er der Schnellste ist, zusammen mit Graf Frensdorf *(F)* über die Brücke geht, dann zurückkommt und erst Baron Oorde *(O)* und danach General von Blanke *(B)* holt. Auf diese Weise dauert es 26 Minuten, bis alle auf der anderen Seite des Flusses sind.

Es geht jedoch noch etwas schneller. Zuerst gehen Baron Münchhau-

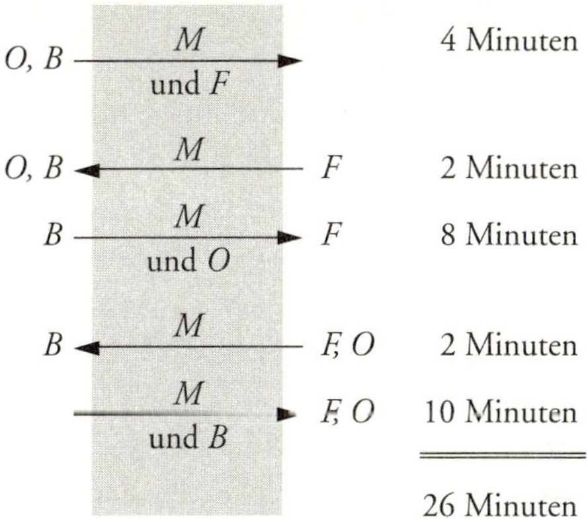

sen und Graf Frensdorf über die Brücke, und Baron Münchhausen bringt anschließend die Taschenlampe zurück. Danach überqueren Baron Oorde und General von Blanke den Fluss, und Graf Frensdorf bringt die Lampe zurück. Zum Schluss gehen Baron Münchhausen und Graf Frensdorf wieder über die Brücke. So dauert die gesamte Flussüberquerung nur 24 Minuten.

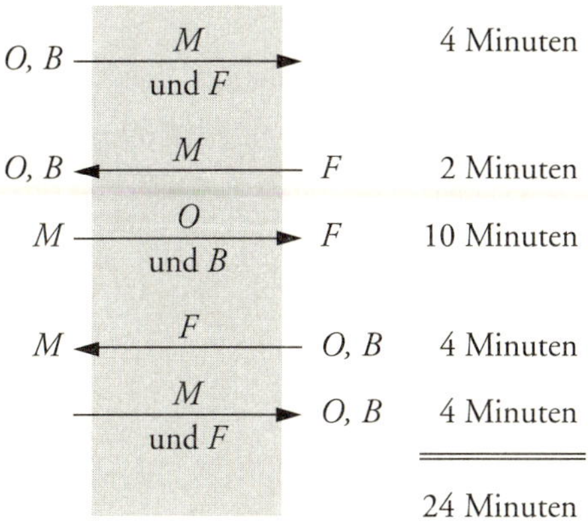

Der Mann, der Münchhausen belog

Hätte Epimenides am ersten Tag die Wahrheit gesagt, müsste er montags und dienstags lügen. Hätte er hingegen gelogen, so würde er entweder montags oder dienstags die Wahrheit sagen.
Epimenides' Aussage vom dritten Tag ist genauso aufgebaut. Hätte er am dritten Tag die Wahrheit gesagt, müsste er mittwochs und freitags lügen, und hätte er gelogen, würde er entweder mittwochs oder freitags die Wahrheit sagen.
An beiden Tagen kann er nicht die Wahrheit gesagt haben, da er nur an einem Tag pro Woche nicht lügt. Er kann allerdings auch nicht an beiden Tagen gelogen haben, denn das würde bedeuten, dass er montags oder dienstags und mittwochs oder freitags die Wahrheit sagt. Folglich hat er an einem der beiden Tage gelogen und am anderen die Wahrheit gesagt. Somit sagt er entweder montags, dienstags, mittwochs oder freitags die Wahrheit.
Da er am ersten oder dritten Tag die Wahrheit sagte, hat er am zweiten Tag gelogen. Der zweite Tag war also kein Donnerstag, Samstag oder Sonntag.
Angenommen, er sagt mittwochs oder freitags die Wahrheit, dann muss der erste Tag ein Mittwoch oder Freitag und folglich der zweite ein Donnerstag oder Samstag sein. Dies ist aber nicht möglich. Also lügt er mittwochs und freitags.
Sagt er montags oder dienstags die Wahrheit, so ist der dritte Tag ein Montag oder Dienstag und der zweite Tag somit ein Sonntag oder Montag. Der Sonntag scheidet aus. Folglich sagt Epimenides an Dienstagen die Wahrheit.

Das neue Kirchturmdach

Die Fläche eines Rhombus ist das halbe Produkt seiner Diagonalen d_1 und d_2. Dies sieht man leicht, wenn man den Rhombus entlang der Diagonalen in vier rechtwinklige Dreiecke zerlegt und diese anschließend zu einem Rechteck mit den Seitenlängen d_1 und $\frac{1}{2} d_2$ zusammensetzt. Die gesamte Dachfläche des Kirchturms beträgt also $F = 2\,d_1 d_2$.

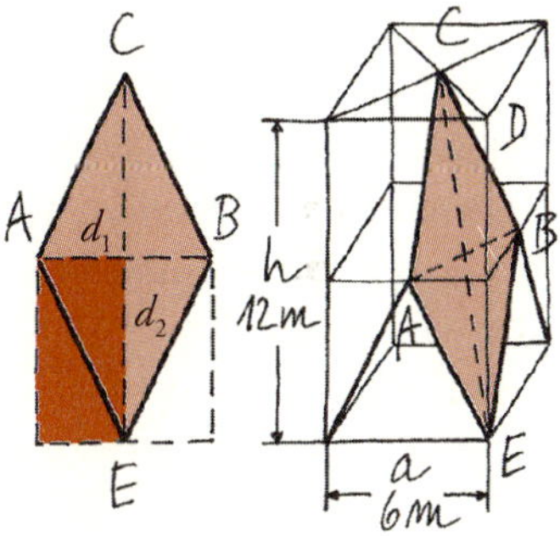

Um die Längen der Diagonalen bestimmen zu können, ist in der Skizze die Kirchturmspitze zu einem Quader ergänzt und nur eine Dachfläche eingezeichnet worden. Die Strecke $\overline{AB}$ ist gleich der halben Diagonalen des Turmquerschnitts und entspricht der Diagonalen $d_1 = \overline{AB} = a/\sqrt{2}$. Die beiden Katheten des rechtwinkligen Dreiecks CDE haben die Längen $\overline{CD} = a/\sqrt{2}$ und $\overline{DE} = h$. Die Diagonale d_2 ist die Hypotenuse dieses Dreiecks und somit

$$d_2 = \overline{CE} = \sqrt{\overline{CD}^2 + \overline{DE}^2} = \sqrt{\frac{a^2}{2} + h^2}$$

lang. Folglich hat das Turmdach eine Fläche von

$$F = a\sqrt{a^2 + 2h^2} = 108\ \text{m}^2$$

Wer erschoss den Sheriff?

(1) Arthur ist nicht der Komplize des Mörders.

(2) Bill ist nicht der Mörder.

(3) Charley ist nicht unschuldig.

Da sich jede Aussage auf einen anderen Bruder bezieht, kann der un-

schuldige Bruder nicht alle drei gemacht haben, denn dann hätte er eine über sich selbst gemacht. Weil er jedoch mindestens eine Aussage gemacht hat, stammen also entweder eine oder zwei Aussagen von ihm.
Falls nur eine der Aussagen von dem unschuldigen Bruder stammt, dann kann auch nur eine richtig sein, und zwei müssen falsch sein. Das ist aber unmöglich, denn ganz gleich, welche beiden Aussagen man als falsch annimmt, es führt immer dazu, dass dann auch die dritte falsch sein muss.
Darum hat der unschuldige Bruder zwei Aussagen gemacht, und beide müssen sich auf seine beiden Brüder beziehen.
Falls Arthur der unschuldige Bruder ist, dann stammen (2) und (3) von ihm, und (1) wäre falsch. Das führt jedoch zu dem Widerspruch, dass Arthur der Komplize des Mörders sein müsste. Folglich kann er nicht unschuldig sein.
Falls Bill der unschuldige Bruder ist, dann stammen (1) und (3) von ihm, und (2) wäre falsch. Das führt aber zu dem Widerspruch, dass Bill der Mörder sein müsste. Darum kann auch Bill nicht unschuldig sein.
Falls Charley der unschuldige Bruder ist, dann stammen (1) und (2) von ihm, und (3) wäre falsch. Dies würde bedeuten, dass Arthur der Mörder, Bill sein Komplize und Charley der Unschuldige ist. Dies allein führt zu keinen Widersprüchen und muss deshalb die Lösung des Problems sein.

Die alte Waage

Mit nur vier Gewichtsstücken von 1, 3, 9 und 27 Gramm kann man jedes ganzzahlige Gewicht von 1 bis 40 Gramm abwiegen. Dies geht jedoch nur, wenn man die Gewichte nicht nur in eine Waagschale legt, sondern auf beide verteilt. Denn ein zusätzliches Gewicht in der rechten Schale, in der das Wiegegut liegt, wirkt so, als ob das Gewichtsstück in der linken Schale um diesen Wert verringert würde.

Für die vierzig Werte müssen die Gewichte in folgender Weise auf die Waagschalen verteilt werden:

1 = 1	15 = 27 – 9 – 3	29 = 27 + 3 – 1
2 = 3 – 1	16 = 27 – 9 – 3 + 1	30 = 27 + 3
3 = 3	17 = 27 – 9 – 1	31 = 27 + 3 + 1
4 = 3 + 1	18 = 27 – 9	32 = 27 + 9 – 3 – 1
5 = 9 – 3 – 1	19 = 27 – 9 + 1	33 = 27 + 9 – 3
6 = 9 – 3	20 = 27 – 9 + 3 – 1	34 = 27 + 9 – 3 + 1
7 = 9 – 3 + 1	21 = 27 – 9 + 3	35 = 27 + 9 – 1
8 = 9 – 1	22 = 27 – 9 + 3 + 1	36 = 27 + 9
9 = 9	23 = 27 – 3 – 1	37 = 27 + 9 + 1
10 = 9 + 1	24 = 27 – 3	38 = 27 + 9 + 3 – 1
11 = 9 + 3 – 1	25 = 27 – 3 + 1	39 = 27 + 9 + 3
12 = 9 + 3	26 = 27 – 1	40 = 27 + 9 + 3 + 1
13 = 9 + 3 + 1	27 = 27	
14 = 27 – 9 – 3 – 1	28 = 27 + 1	

Dabei bedeutet eine positive Zahl, dass das entsprechende Gewichtsstück in der linken Schale, und eine negative Zahl, dass es in der rechten Schale liegt.

Im Bann der Pyramide

Die Schwierigkeit bei diesem Problem ist, dass regelmäßige Tetraeder und Oktaeder keine rechten Winkel aufweisen und man sich deshalb den Aufbau der Pyramide nur schwer vorstellen kann. Am einfachsten setzt man sie sich darum Schritt für Schritt schichtweise zusammen.
In der untersten Schicht stehen sechs sich an den Ecken berührende Tetraeder. Es bleiben am Boden drei dreieckige Flächen frei, auf die man nun drei Oktaeder legt. Sie vervollständigen zwar auch die drei

Seitenflächen der Schicht, lassen aber in der Mitte trotzdem noch eine Lücke frei. In diese Lücke setzt man ein auf der Spitze stehendes Tetraeder.

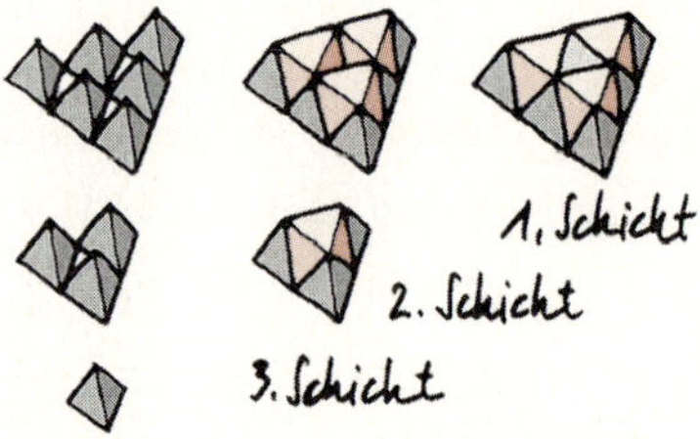

Die zweite Schicht ist ganz ähnlich aufgebaut und besteht aus drei Tetraedern und einem Oktaeder. Die oberste Schicht ist ein einzelnes Tetraeder.
Insgesamt besteht die Pyramide also aus elf Tetraedern und vier Oktaedern. Sie hat folglich 870 Euro gekostet.

Die Bierdeckelfalle

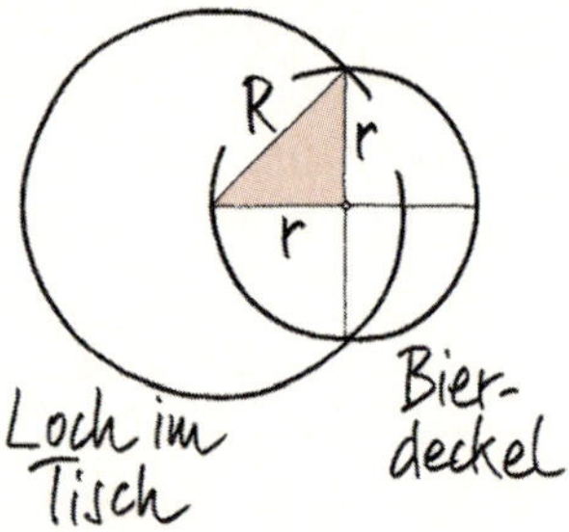

Ein Bierdeckel wird auf das runde Loch im Tisch zugeschoben. Die Zeichnung zeigt genau die Grenzlage zwischen Stabilität und Instabilität. Ragt der Deckel weniger weit als in der Zeichnung über den Rand des Loches, bleibt er auf dem Tisch liegen; wird er aber nur eine Winzigkeit weiter geschoben, so fällt er.

Bezeichnen wir mit R den Radius des Loches und mit r den des Bierdeckels, so gilt nach dem Satz des Pythagoras $R^2 = r^2 + r^2$ oder $R = r\sqrt{2}$. Der Durchmesser D des Loches beträgt folglich $D = 2r\sqrt{2} \approx 15{,}6$ cm.

Taxi mit vier «T»

Die beiden Balken der T-Stücke sind $a = 10$ mm breit, die Längsbalken $b = 33$ mm lang und die Querbalken $3a = 30$ mm lang. Folglich haben die beiden Katheten in dem kleinen Dreieck die Längen a und b. Mit dem Satz des Pythagoras kann man die Hypotenuse zu

$$c = \sqrt{a^2 + b^2}$$

bestimmen. Die Hypotenuse des großen Dreiecks hat die Länge von zwei Querbalken, also ist $z = 6a$. Da das große Dreieck die gleichen Winkel hat wie das kleine, sind die beiden Dreiecke ähnlich, und es gilt $y:z = b:c$. Löst man diese Gleichung nach y auf und ersetzt c und z durch die obigen Beziehungen, so wird daraus

$$y = \frac{6ab}{\sqrt{a^2 + b^2}} \approx 57{,}4 \text{ mm}$$

Der quadratische Rahmen hat also eine Innenkantenlänge von 57,4 mm.

Der zersägte Würfel

Die 64 kleinen Würfel haben insgesamt 384 Seitenflächen. 96 davon lagen ursprünglich an der Oberfläche des großen Würfels und sind somit weiß.

Bei dem Spiel sollte nun ein Würfel ohne hinzuschauen aus einem Beutel gezogen und von diesem durch Würfeln eine Fläche ausgewählt werden. Dieser Vorgang ist mathematisch gleichwertig mit einer zufälligen Wahl von einer der 384 vorhandenen Seitenflächen. Die Wahrscheinlichkeit, dabei eine weiße Fläche zu erhalten, beträgt folglich 96/384 = 1/4 = 25 %.

Wein für den Schachclub

Da jeder der x_1 Männer des Schachclubs dreimal gegen jeden der restlichen $x_1 - 1$ Männer spielt, finden insgesamt $\frac{1}{2} \cdot 3x_1(x_1 - 1)$ Männerpartien statt. Der Faktor ½ ist notwendig, weil sonst jedes Spiel doppelt gezählt würde, denn an einem Spiel sind immer zwei Männer beteiligt. Entsprechend spielen die x_2 Frauen des Clubs untereinander $\frac{1}{2} \cdot 3x_2(x_2 - 1)$ Partien.

Insgesamt werden 81 Spiele ausgetragen, da an jedem der neun Tage des Turniers jeweils neun Partien stattfinden. Es gilt also

$$\frac{3}{2}x_1(x_1 - 1) + \frac{3}{2}x_2(x_2 - 1) = 81$$

oder

$$x_1(x_1 - 1) + x_2(x_2 - 1) = 54.$$

Für die Ausdrücke $x_1(x_1 - 1)$ und $x_2(x_2 - 1)$ kommen nur folgende Zahlen in Frage:

x	1	2	3	4	5	6	7	8	...
$x(x-1)$	0	2	6	12	20	30	42	56	...

Die beiden einzigen Zahlen der zweiten Reihe der Tabelle, die zusammen 54 ergeben, sind 12 und 42. Das bedeutet, der Schachclub «Weißer König» hat 4 + 7 = 11 Mitglieder.

Kurven auf dem Tennisball

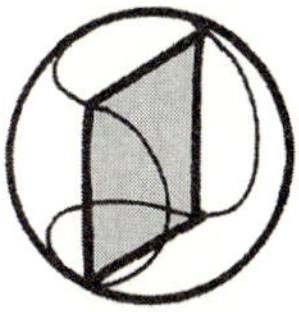

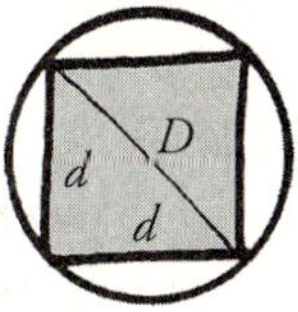

Die Kurve auf einem Tennisball setzt sich aus vier gleichen Halbkreisen zusammen. Da benachbarte Halbkreise senkrecht aufeinander stehen und sich gegenüberliegende parallel zueinander liegen, müssen die vier Punkte, an denen die Halbkreise aneinander stoßen, die Ecken eines Quadrates sein. Dieses Quadrat liegt im Inneren des Balles, nur seine Ecken sitzen auf der Oberfläche. Der Mittelpunkt des Quadrates fällt mit dem Mittelpunkt des Balles zusammen.

Schneidet man den Ball in der Ebene des Quadrates durch, erhält man als Schnittfläche einen Kreis mit einem eingeschriebenen Quadrat. Der Durchmesser D des Balles ist auch der des Kreises und somit die Diagonale des Quadrates. Mit dem Satz von Pythagoras lässt sich die Seitenlänge d des Quadrates, die auch gleichzeitig Durchmesser der Halbkreise ist, zu $d = D/\sqrt{2}$ bestimmen. Da ein Kreisumfang das π-fache seines Durchmessers ist, beträgt die Gesamtlänge l der vier Halbkreise das 2π-fache der Quadratseite.

$$l = 2\pi d = \frac{2\pi D}{\sqrt{2}} \approx 289 \text{ mm}$$

Mit Ecken und Kanten

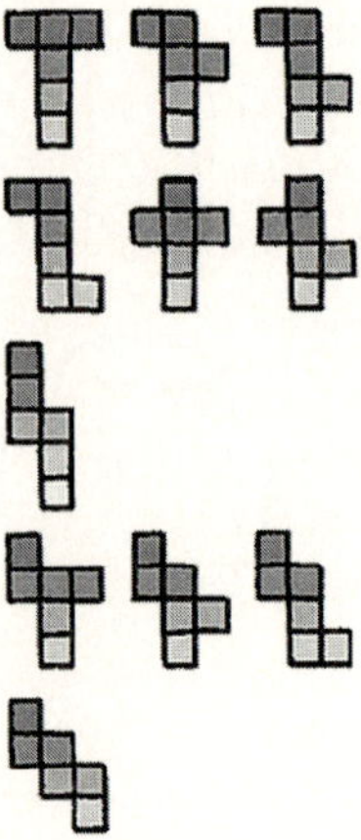

Bei den ersten sechs Figuren liegen jeweils vier Quadrate in einer Reihe. Mehr Figuren mit dieser Eigenschaft gibt es nicht. Die nächsten drei Figuren haben Spalten mit jeweils drei aufgereihten Quadraten. Zum Schluss gibt es noch eine Figur, die an keiner Stelle mehr als zwei Quadrate in einer Reihe hat. Es gibt also insgesamt elf verschiedene Figuren.

Tausche Briefmarken gegen Euroscheine

Angenommen, Christina verkaufte n Briefmarken. Von der Zahl n kann man die letzte Ziffer a abspalten. Die vorderen Ziffern von n bilden die Zahl b. Nun lässt sich die Briefmarkenzahl als $n = 10b + a$ schreiben. Christina bekam für jede Briefmarke so viel Euro, wie sie Marken verkaufte. Sie erhielt somit insgesamt n^2 Euro.

$$n^2 = (10b + a)^2 = 100b^2 + 20ba + a^2$$

Die beiden Summanden $100b^2$ und $20ba$ sind Vielfache von 20 Euro und tragen deshalb nichts zu dem Geld bei, das Matthias und Sarah erhielten. Der dritte Summand, a^2, muss einer der Werte 0, 1, 4, 9, 16, 25, 36, 49, 64 oder 81 Euro sein. Zieht man hiervon die Vielfachen von 20 Euro ab, so bleiben 0, 1, 4, 9, 16, 5, 16, 9, 4 und 1 Euro übrig. Da Matthias einen Zehneuroschein erhielt, muss Sarah 6 Euro bekommen haben.

Ordnung muss sein

Die Übersetzung des Fahrrads erhält man, indem man die Zähnezahl des vorderen Zahnrads durch die des hinteren teilt. Nun kann man die einundzwanzig Kombinationen der Schalterstellungen nach der Größe der Übersetzungen ordnen. Man erhält dadurch die Reihenfolge 1 – 1, 1 – 2, 1 – 3, 2 – 1, 1 – 4, 2 – 2, 3 – 1, 1 – 5, 2 – 3, 3 – 2, 1 – 6, 2 – 4, 3 – 3, 1 – 7, 2 – 5, 3 – 4, 2 – 6, 3 – 5, 2 – 7, 3 – 6, 3 – 7. Dabei gibt die erste Zahl immer die Schalterstellung an der linken und die zweite die an der rechten Lenkerseite an. Die Stellung 2 – 3 schaltet also das Fahrrad in den neunten Gang.

Die Wechselschaltung

Die Uhr an der Bank zeigt nacheinander in gleich langen Intervallen folgende Zeiten und Temperaturen an:

17:27; 18° C; 17:28; 18° C; 17:28; 18° C; 17:29; 18° C;
17:29; 18° C; 17:29; 18° C; 17:30; 18° C; 17:30; 18° C;
17:30; 18° C; 17:31; 18° C; 17:31; 18° C; 17:32; 18° C.

Das siebte Intervall kann frühestens um 17:29:00 Uhr beginnen und das sechzehnte spätestens um kurz vor 17:31:00 Uhr enden. Für die zehn Intervalle stehen also maximal etwas weniger als 120 Sekunden zur Verfügung. Folglich muss ein Intervall kürzer als 12 Sekunden sein.
Das erste Intervall muss spätestens kurz vor 17:28:00 Uhr und das dreiundzwanzigste kann frühestens um 17:32:00 Uhr beginnen. Die ersten zweiundzwanzig Intervalle dauern also mindestens etwas mehr als 240 Sekunden. Somit muss ein Intervall länger als 10,9 Sekunden sein.
Da die Intervalllänge ein ganzzahliger Sekundenwert ist, muss sie 11 Sekunden betragen.

Zahlendreiecke auf dem Billardtisch

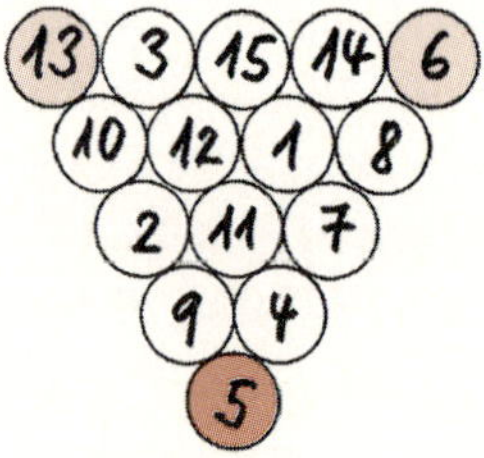

Die größte Differenz zwischen zwei Kugelnummern, die auftreten kann, ist 15 – 1 = 14. Folglich kann die Kugel mit der Nummer 15 keine Vorgängerinnen haben und muss in die erste Reihe gelegt werden. Die Kugel Nummer 14 gehört entweder auch in die erste Reihe, oder sie gehört in die zweite Reihe und hat die Kugeln 15 und 1 als Vorgängerinnen.
Den Rest kann man ohne allzu große Mühe durch systematisches Ausprobieren herausbekommen. Es gibt nur eine einzige Lösung.
Wären nicht schon in der Aufgabe die Positionen von zwei Kugeln vorgegeben gewesen, hätte man noch eine zweite Lösung finden können. Diese ist jedoch nur das Spiegelbild der ersten Lösung.

Ein Hellseher in der Spielbank

Bezeichnet man die Hunderter-, die Zehner- und die Einerstelle der vom Spielautomaten angezeigten Zahl mit x, y und z, so hat sie den Wert $100x + 10y + z$. Da sich die Zahl durch das Vertauschen der zweiten und der dritten Ziffer um 9 vergrößert, gilt die Gleichung

$$100x + 10y + z + 9 = 100x + 10z + y$$

Sie kann zu $z = y + 1$ aufgelöst werden.
Das Vertauschen der ersten und der zweiten Stelle der Zahl soll sie um 90 vergrößern. Dies bedeutet

$$100x + 10y + z + 90 = 100y + 10x + z$$

oder

$$y = x + 1$$

Folglich sind x, y und z drei aufeinander folgende Ziffern.
Angenommen, durch das Vertauschen der ersten Stelle der Zahl mit der dritten vergrößert sie sich um a.

$$100x + 10y + z + a = 100z + 10y + x$$

Nach a aufgelöst, erhält man $a = 99(z - x)$.
Da $z - x$ gerade 2 beträgt, ergibt sich a zu 198. Wären also die erste und die dritte Ziffer vertauscht gewesen, hätte der Automat 1,98 Euro mehr ausgespuckt.

Das Tischtennisturnier

Hätte jedes der n Mitglieder des Tennisvereins einmal gegen jedes der $n - 1$ anderen Mitglieder gespielt und pro Spiel fünfundzwanzig Cent bezahlt, dann hätte der Verein die Summe $S_1 = n(n - 1) \cdot 0{,}25$ Euro eingenommen. Da sich aber nur die Hälfte der Mitglieder an dem Turnier beteiligt hatte, betrugen die Einnahmen nur $S_2 = \frac{1}{2} n (\frac{1}{2} n - 1) \cdot 0{,}25$ Euro. Die Mindereinnahmen von 540 Euro berechnen sich also zu

$$S_1 - S_2 = \left[n(n-1) - \frac{n}{2}\left(\frac{n}{2} - 1\right)\right] \cdot 0{,}25 \text{ Euro} = 540 \text{ Euro}$$

Der Ausdruck lässt sich zu $n^2 - 2n/3 - 2880 = 0$ vereinfachen, und die positive Lösung dieser quadratischen Gleichung ist $n = 54$. Der Tischtennisverein hatte also 54 Mitglieder.

Ein kleiner Gefallen

Die Abmessungen der Räume werden in der einen Richtung mit a, b, c und d bezeichnet und die in der anderen mit w, x, y und z. Angenommen, die Seite a des Zwanzig-Quadratmeter-Raumes wäre bekannt, dann könnte man seine zweite Seite zu $w = 20/a$ berechnen. Nun lassen sich nacheinander durch Einsetzen einer jeweils gerade zuvor berechneten Raumseite von allen anderen Räumen, deren Grundflächen in der Skizze eingetragen sind, die genauen Abmessungen bestimmen.

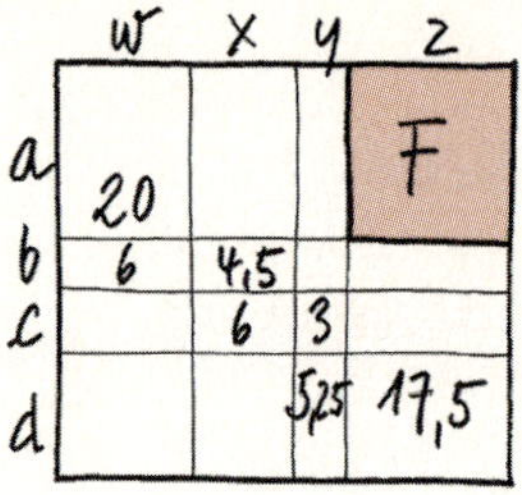

$$w = \frac{20}{a}$$

$$b = \frac{6}{w} = \frac{6 \cdot a}{20}$$

$$x = \frac{4{,}5}{b} = \frac{4{,}5 \cdot 20}{6 \cdot a}$$

$$c = \frac{6}{x} = \frac{6 \cdot 6 \cdot a}{4{,}5 \cdot 20}$$

$$y = \frac{3}{c} = \frac{3 \cdot 4{,}5 \cdot 20}{6 \cdot 6 \cdot a}$$

$$d = \frac{5{,}25}{y} = \frac{5{,}25 \cdot 6 \cdot 6 \cdot a}{3 \cdot 4{,}5 \cdot 20}$$

$$z = \frac{17{,}5}{d} = \frac{17{,}5 \cdot 3 \cdot 4{,}5 \cdot 20}{5{,}25 \cdot 6 \cdot 6 \cdot a}$$

Das große Eckzimmer ist folglich

$$F = a \cdot z = \frac{17{,}5 \cdot 3 \cdot 4{,}5 \cdot 20}{5{,}25 \cdot 6 \cdot 6} = 25$$

Quadratmeter groß.

Im Zeichen der Vier

Die kleinste Zahl, die sich nicht durch vier Vieren und Plus-, Minus- und Wurzelzeichen, Malpunkte und Bruchstriche darstellen lässt, ist die 19. Für die Zahlen von 1 bis 18 gibt es eine ganze Reihe von Möglichkeiten, wie man sie schreiben kann. Zum Beispiel:

$$1 = \frac{44}{44}$$

$$2 = \frac{4}{4} + \frac{4}{4}$$

$$3 = \frac{4 + 4 + 4}{4}$$

$$4 = \frac{4 - 4}{4} + 4$$

$$5 = \frac{4 \cdot 4 + 4}{4}$$

$$6 = \frac{4 + 4}{4} + 4$$

$$7 = \frac{44}{4} - 4$$

$$8 = 4 + 4 + 4 - 4$$

$$9 = \frac{4}{4} + 4 + 4$$

$$10 = \frac{44 - 4}{4}$$

$$11 = \frac{44}{\sqrt{4} + \sqrt{4}}$$

$$12 = \frac{44 + 4}{4}$$

$$13 = \frac{44}{4} + \sqrt{4}$$

$$14 = 4 + 4 + 4 + \sqrt{4}$$

$$15 = \frac{44}{4} + 4$$

$$16 = 4 + 4 + 4 + 4$$

$$17 = \frac{4}{4} + 4 \cdot 4$$

$$18 = 4 \cdot 4 + 4 - \sqrt{4}$$

Das Wetter auf Taka Tuka

Am einfachsten findet man die Lösung mit einer experimentellen Methode (s. Seite 176). Man unterteilt vier verschieden große Kreise aus Pappe in jeweils zwölf Segmente. In die Segmente des kleinsten Kreises schreibt man im Uhrzeigersinn die Abfolge der Temperaturverhältnisse von Taka Tuka. Analog beschriftet man den zweiten Kreis mit den Wind- und den dritten mit den Niederschlagsverhältnissen. In die Segmente des größten Kreises werden die zwölf Monatsnamen gesetzt. Anschließend heftet man die vier Kreise mit einer Reißzwecke in ihren Mittelpunkten so zusammen, dass sie sich noch bewegen lassen. Nun verdreht man die vier Kreise so lange gegeneinander, bis man den Dezember zu einem kalten, stürmischen und regnerischen Monat gemacht hat und es außerdem einen warmen, stürmischen, trockenen Abreisemonat und einen heißen, windigen, trockenen Nationalfeiertagsmonat gibt. Es existiert nur eine einzige Stellung der Kreise, in der das möglich ist. Die Abreise fand folglich im April statt.

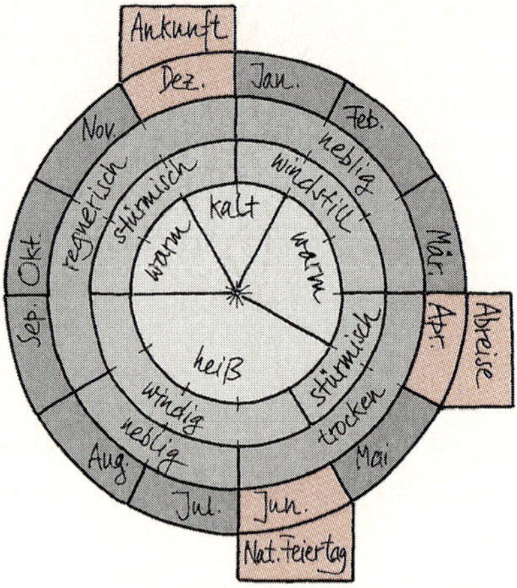

Amors Uhr

Die einzigen Informationen über den Monat, in dem die Armbanduhr stehen geblieben ist, bekommt man aus der Abfolge der Monatslängen. Springt die Uhr nach der Datumsanzeige 28 oder 29 auf 1 um, so ist sie im Februar stehen geblieben. Springt sie allerdings erst nach der

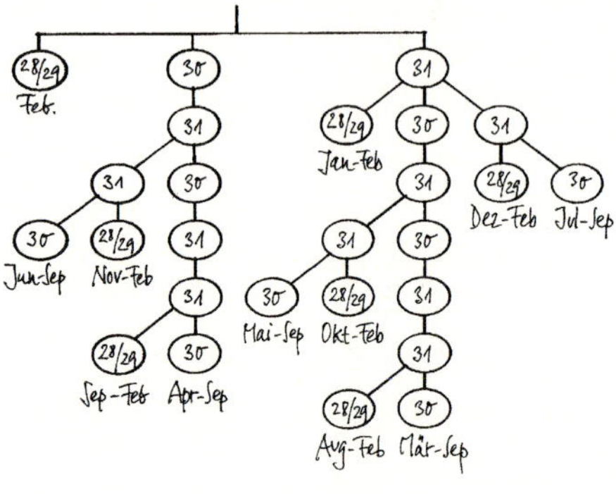

30 oder der 31 auf 1 um, so muss man noch weitere Monatswechsel abwarten, um so viele Informationen zu bekommen, dass man den gesuchten Monat ermitteln kann.
In dem Diagramm sind alle möglichen Abfolgen von Monatslängen skizziert. Unter jedem Zweigende stehen jeweils die Namen des ersten und des letzten Monats der Abfolge. Der erste Name ist dabei der Monat, in dem die Uhr stehen geblieben ist, und der zweite der, an dessen Ende man den Startmonat identifizieren kann.
Man erkennt anhand des Diagramms leicht, dass man am längsten warten müsste, wenn die Uhr am 1. August vor einem Schaltjahr oder am 1. März stehen geblieben wäre, nämlich 213 Tage.

Sparsam telefonieren

Zehn Telefonate reichen aus, um an jedes der sieben Mädchen die Ergebnisse aller sieben Aufgaben durchzugeben.
Bezeichnen wir die sieben Mädchen mit den Großbuchstaben von *A* bis *G* und die Ergebnisse der von ihnen gelösten Aufgaben durch die entsprechenden Kleinbuchstaben von *a* bis *g*. Durch die zehn folgenden Telefonate werden alle Informationen ausgetauscht:

1. *AB* (*a*, *b*)
2. *AC* (*a*, *b*, *c*)
3. *AD* (*a*, *b*, *c*, *d*)
4. *AE* (*a*, *b*, *c*, *d*, *e*)
5. *FG* (*f*, *g*)
6. *AF* (*a*, *b*, *c*, *d*, *e*, *f*, *g*)
7. *EG* (*a*,*b*, *c*, *d*, *e*, *f*, *g*)
8. *AB* (*a*, *b*, *c*, *d*, *e*, *f*, *g*)
9. *AC* (*a*, *b*, *c*, *d*, *e*, *f*, *g*)
10. *AD* (*a*, *b*, *c*, *d*, *e*, *f*, *g*)

Dabei stehen in jeder Zeile die beiden Großbuchstaben vor der Klammer für die beiden Mädchen, die miteinander telefonieren. Die Kleinbuchstaben in der Klammer bedeuten die Lösungen der Aufgaben, die beiden Mädchen nach dem Telefonat bekannt sind. So muss man beispielsweise die erste Zeile *AB (a, b)* folgendermaßen lesen: *A* hat die Aufgabe *a* gerechnet und *B* die Aufgabe *b*. Bei dem Telefonat teilen sie sich gegenseitig die Lösungen mit, sodass anschließend sowohl *A* als auch *B* die Lösungen der Aufgaben *a* und *b* kennen.

Das alte Geld

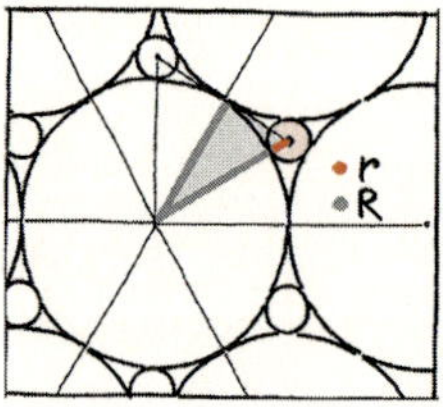

Erweitert man das Muster auf sieben Fünfmarkstücke, zwischen denen man sechs kleine Münzen platzieren kann, sieht man sofort, dass die Mittelpunkte der Münzen auf einem Gitter aus gleichseitigen Dreiecken liegen. Bezeichnet man die Radien der Fünfmarkstücke mit *R* und die der kleinen Münzen mit *r*, so haben diese gleichseitigen Dreiecke die Seitenlänge $R + r$ und die Höhe *R*. Für das markierte rechtwinklige Dreieck gilt deshalb nach dem Satz des Pythagoras

$$R^2 + \left(\frac{R+r}{2}\right)^2 = (R+r)^2$$

Löst man diese Gleichung nach *r*, erhält man

$$r = \left(\frac{2}{3}\sqrt{3} - 1\right)R \approx 0{,}1547\ R$$

Die kleinen Münzen dürfen also höchstens einen Durchmesser von etwa 4,486 Millimetern haben.

Verpackungskunst

Man kann die Schachtel mit nur fünfzig Bauklötzen vollständig füllen. Eine von mehreren Möglichkeiten, wie man den einen Würfel von sechs Zentimetern Kantenlänge, die sieben von vier Zentimetern und die 42 von zwei Zentimetern in die Schachtel packt, zeigt die Skizze.

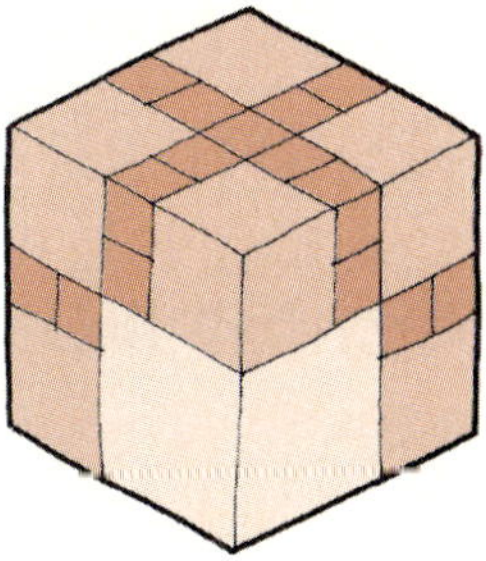

Ein geheimes Rendezvous

Bezeichnet man mit m das Alter des Mannes, mit f das der Frau, mit k den Preis des Kaffees und mit t den des Tees, so kann man den letzten Satz des Mannes als Gleichung schreiben.

$$m + k - 20 = t$$

Daraus ergibt sich für das Alter des Mannes

$$m = 20 + t - k$$

Nehmen wir zunächst einmal an, Dr. Kruse wäre ein Mann. Da Gertrud Kaffee- und Teepreis vertauschte und trotzdem Dr. Kruses Alter aus dem Gespräch richtig ermitteln konnte, müssen Kaffee- und Teepreis gleich sein. Daraus folgt für Dr. Kruse ein Alter von zwanzig Jahren. Das ist aber unmöglich, da beide mindestens 39 Jahre alt sind. Folglich ist Dr. Kruse nicht der Mann, sondern die Frau und somit 39 Jahre alt.

Die Designermöbel

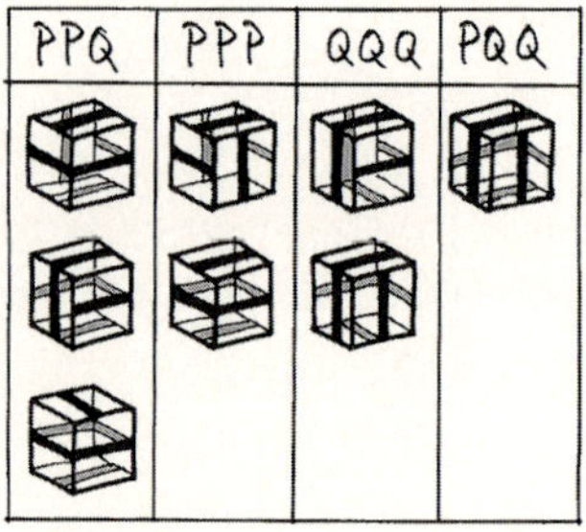

Ein Würfel hat drei Paare von sich gegenüberliegenden Seitenflächen. Ein solches Flächenpaar nennen wir *P*, wenn die beiden schwarzen Linien auf den Flächen parallel zueinander verlaufen, und *Q*, wenn die Linien quer zueinander liegen. Es gibt nun für die drei Flächenpaare eines Würfels die Möglichkeiten *PPP*, *PPQ*, *PQQ* und *QQQ*. Für die Kombination *PPQ* existieren drei mögliche Anordnungen der Flächenpaare auf dem Würfel, für die Kombinationen *PPP* und *QQQ* jeweils zwei und für *PQQ* nur eine einzige. Insgesamt gibt es also acht unterschiedlich gemusterte Würfel.

Unterwegs nach Paris

Bezeichnet man das Jahr der Parisreise mit j und Karls und Luises Alter zu diesem Zeitpunkt mit k und l, so gilt $kl = j$. Da 13 Jahre vorher das Produkt aus Karls und Luises Alter nur halb so groß war wie die Jahreszahl zu der Zeit, erhält man $2(k - 13)(l - 13) = j - 13$. Setzt man in der zweiten Gleichung für j die erste Gleichung ein und stellt sie ein wenig um, ergibt sich $(k - 26)\ (l - 26) = 325 = 13 \cdot 5 \cdot 5$. Für die beiden Faktoren $k - 26$ und $l - 26$ kommen somit nur die Möglichkeiten $325 \cdot 1$, $25 \cdot 13$ und $65 \cdot 5$ in Frage, jedoch nur $25 \cdot 13$ ergibt eine sinnvolle Lösung. Somit hat die Parisreise 1989 stattgefunden.

Einmaleins für Kühe

Da die Weide vierzig Kühe vierzig Tage lang ernährte, lieferte sie in dieser Zeit 40 · 40 = 1600 Tagesrationen Gras. Als dreißig Kühe sechzig Tage lang auf ihr weideten, gab sie 30 · 60 = 1800 Grasrationen ab. In den zwanzig Tagen Differenz zwischen den beiden Weidezeiten wuchsen also 200 Rationen Gras nach. Das heißt, auf der Weide wuchs pro Tag so viel Gras nach, wie zehn Kühe täglich fraßen. Folglich gab es, bevor die Kühe auf die Weide gelassen wurden, dort 1600 – 40 · 10 = 1800 – 60 · 10 = 1200 Rationen Gras.
Durch das ständig nachwachsende Gras konnten zehn Kühe beliebig lange auf der Weide grasen. Mit den ursprünglich vorhandenen 1200 Grasrationen ließen sich weitere zehn Kühe 120 Tage lang ernähren. Folglich konnten zwanzig Kühe auf der Fledderwiese 120 Tage lang weiden.

Das Entwässerungssystem

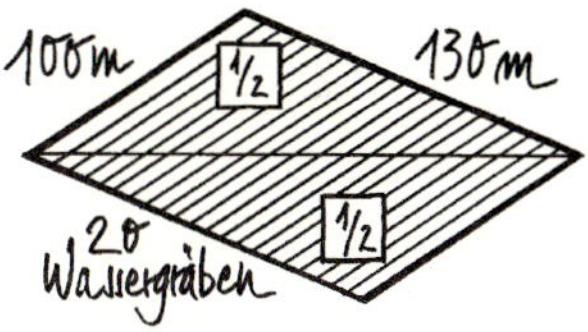

Das dreieckige Grundstück lässt sich zu einem Parallelogramm ergänzen, indem man ein gleiches Dreieck entlang der Flussseite anschließt. Alle zwanzig Gräben sind jetzt 100 Meter lang. Die Gesamtlänge der Gräben im Parallelogramm ist folglich 20 · 100 = 2000 Meter. Davon entfällt die Hälfte, also 1000 Meter, auf Sigis Grundstück. Da der Preis für einen Meter Graben fünf Euro war, hatte die Rechnung eine Höhe von 5000 Euro.

Fitnessstudio Adonis

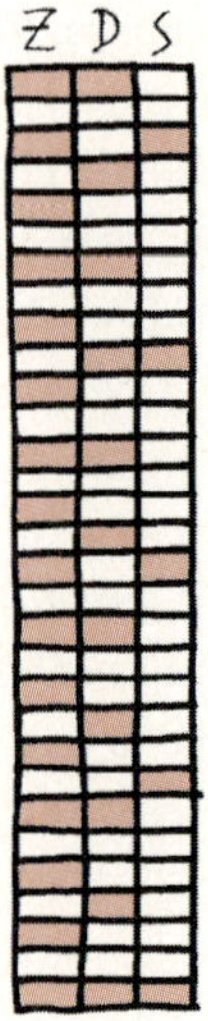

Zacharias geht jeden zweiten Tag ins Fitnessstudio. Also war er in dem Monat entweder am 1. oder 2. das erste Mal dort. Daniel geht nur jeden dritten Tag ins Studio und war somit am 1., 2. oder 3. erstmals da. Die drei möglichen Wochentage für die jeweils ersten Studiobesuche, Montag, Mittwoch und Freitag, liegen alle mindestens zwei Tage auseinander. Folglich war Zacharias am 1. und Daniel am 3. das erste Mal beim Fitnesstraining. Außerdem muss der Monat entweder mit einem Montag oder einem Mittwoch begonnen haben.

War der 1. des Monats ein Montag, so war Sebastian, der nur jeden siebten Tag und damit immer am gleichen Wochentag in das Studio geht, am Freitag, dem 5. erstmals dort. War der 1. hingegen ein Mittwoch, so erschien Sebastian zum ersten Mal am Montag, dem 6. im Studio.

Die Skizze zeigt eine Liste von 31 Tagen, der maximalen Monatslänge. Es handelt sich dabei um die 30 Tage vor dem gemeinsamen Treffen und um den Tag des Treffens selbst. Die Studiotage der drei Sportler sind schwarz markiert.

Die ersten sechs Tage des Monats müssen eines der beiden folgenden Muster haben:

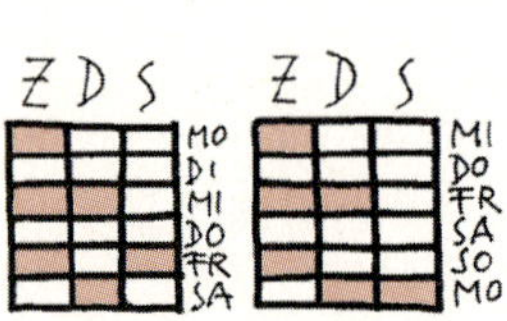

Nur das zweite Muster taucht in der Tagesliste auf. Folglich fällt das Treffen der drei Sportler auf einen Montag.

Rhomben aus Jaspis

Alle Rhombenseiten bestehen aus zwei Scharen von parallelen Geraden. Deshalb sind die fünf Rhomben ähnlich. Die langen Halbdiagonalen *a*, *b* und *c* der Rhomben entsprechen der Seitenlänge, der Höhe und der halben Seitenlänge eines gleichseitigen Dreiecks. Folglich ist $b = a\sqrt{3}/2$ und $c = a/2$.

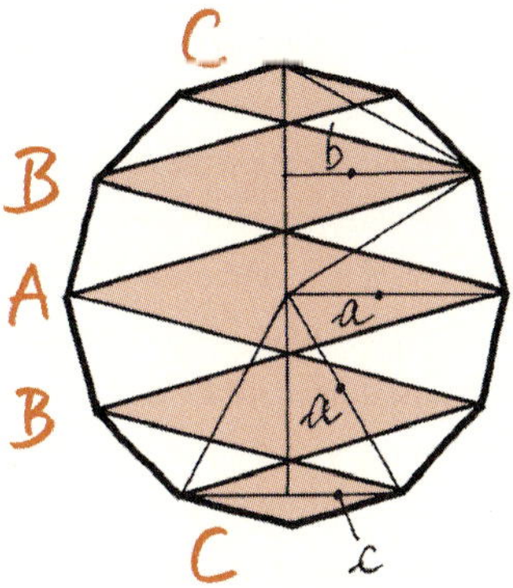

Die Flächeninhalte ähnlicher Figuren stehen immer in dem gleichen Verhältnis wie die Quadrate von einander entsprechenden Strecken aus diesen Figuren. Für die Flächen der Rhomben gilt darum:

$$\frac{B}{A} = \frac{b^2}{a^2} = \frac{(a\sqrt{3}/2)^2}{a^2} = \frac{3}{4}$$

$$\frac{C}{A} = \frac{c^2}{a^2} = \frac{(a/2)^2}{a^2} = \frac{1}{4}$$

Die Fläche der vier kleinen Rhomben beträgt somit

$$2B + 2C = 2 \cdot \frac{3}{4}A + 2 \cdot \frac{1}{4}A = 2A$$

Folglich kostet der Jaspis 600 Euro.

Die Molluske

Etwas abgekürzt geschrieben lauten die sechs Antworten:

Wu.,	Ba.,	Wu.,	Ko.,	Sa.
Wu.,	Fa.,	Ba.,	Wu.,	Kä.
Kr.,	Mu.,	Fa.,	Am.,	Gr.
Rä.,	Mu.,	Wu.,	Mu.,	Mo.
Sc.,	Mu.,	Am.,	In.,	Gr.
Wu.,	Sa.,	Am.,	Am.,	Gr.

Da jeder Schüler zwei Tiere richtig klassifiziert hat, muss es bei drei Arbeiten mindestens ein Tier geben, das wenigstens zweimal richtig eingeordnet worden ist. Bei den ersten drei Arbeiten gibt es nur beim ersten Tier eine Übereinstimmung. Folglich ist dieses Tier eine Wurmschnecke. Bei der zweiten, dritten und vierten Arbeit besteht die einzige Übereinstimmung beim zweiten Tier, das somit zu den Muscheln gehört.

Alle sechs Kinder haben entweder das erste oder das zweite Tier richtig klassifiziert. Das dritte richtig klassifizierte Tier ist deshalb bei allen Schülern eines der letzten drei. Es muss darum bei jeweils vier Arbeiten mindestens ein Tier unter den drei letzten geben, das wenigstens zweimal richtig eingeordnet wurde. Bei den ersten vier Arbeiten gibt es die einzige Übereinstimmung beim dritten Tier, das folglich eine Wurmschnecke ist. Bei der zweiten bis fünften Arbeit gibt es nur die Übereinstimmung «Grabfüßer» beim fünften Tier.

Damit sind alle Tiere, bis auf das vierte, klassifiziert. Da in der zweiten Arbeit bisher erst ein Tier richtig eingeordnet worden ist, muss dort die vierte Klasse, «Wurmschnecke», korrekt sein.

Das erste, dritte und vierte Tier sind somit Wurmschnecken, das zweite ist eine Muschel und das fünfte ein Grabfüßer.

Ein fotografisches Gedächtnis

Um h Uhr und m Minuten schließt die 12-Uhr-Linie mit dem Minutenzeiger einen Winkel von $\alpha = m \cdot 6°$ ein und mit dem Stundenzeiger von $\beta = (h + m/60) \cdot 30°$. Folglich betragen die Winkel um m_1 Minuten nach acht $\alpha_1 = m_1 \cdot 6°$ und $\beta_1 = (8 + m_1/60) \cdot 30°$ und um m_2 Minuten nach vier $\alpha_2 = m_2 \cdot 6°$ und $\beta_2 = (4 + m_2/60) \cdot 30°$. Da am Nachmittag die beiden Zeiger ihre Stellungen vom Morgen gegeneinander vertauscht haben, gilt, dass $\alpha_2 = \beta_1$ und $\beta_2 = \alpha_1$ ist. Setzt man die Beziehungen für die Winkel in diese Gleichungen ein und stellt sie dann noch ein wenig um, erhält man:

$$240 + m_2 = 12m_1$$
$$480 + m_1 = 12m_2$$

Nun löst man die erste Gleichung nach m_2 auf und setzt sie in die zweite ein. Dadurch ergibt sich nach einigen Umformungen $m_1 = 3360/143 \approx 23{,}4965$. Der Blick zur Turmuhr fand also um 8 h 23,4965 min oder um 8 h 23 min 29,79 sec statt.

Der Würfelknoten

Obwohl man mit nur vier Würfelperlen eine geschlossene Kette basteln kann, bei der entlang des Fadens die Würfelflächen genau aufeinander liegen, braucht man überraschenderweise für eine verknotete geschlossene Kette sechsmal so viele Perlen. Es sind also mindestens vierundzwanzig Würfel notwendig.

Palindromische Uhrzeiten

Obwohl täglich sechshundertsechzigmal die von einer Digitaluhr angezeigte Zeit palindromisch ist, gibt es nur acht verschiedene Zeitabstände zwischen aufeinander folgenden Palindromen. Bezeichnet man mit *a*, *b* und *c* Ziffern der Digitaluhr und mit *A*, *B* und *C* die um 1 größeren Ziffern, also $A = a + 1$, $B = b + 1$ und $C = c + 1$, lassen sich die benachbarten palindromischen Zeiten auf folgende Weise darstellen:

a:*bc*:*ba* Uhr	+	60 Sekunden	=	*a*:*bC*:*ba* Uhr
a:*b*9:*ba* Uhr	+	70 Sekunden	=	*a*:*B*0:*ba* Uhr
a:59:5*a* Uhr	+	11 Sekunden	=	*A*:00:0*A* Uhr
9:59:59 Uhr	+	2 Sekunden	=	10:00:01 Uhr
ab:*cc*:*ba* Uhr	+	660 Sekunden	=	*ab*:*CC*:*ba* Uhr
ab:55:*ba* Uhr	+	310 Sekunden	=	*aB*:00:*Ba* Uhr
15:55:51 Uhr	+	14651 Sekunden	=	20:00:02 Uhr
23:55:32 Uhr	+	268 Sekunden	=	0:00:00 Uhr

Das kürzeste palindromfreie Zeitintervall dauert also zwei Sekunden und geht von einer Sekunde vor bis eine Sekunde nach zehn Uhr.

Der syrische Hotelier

Man braucht, um das Problem zu lösen, nur zwei Kettenglieder aufzuzwicken, beispielsweise das vierte und das elfte. Dadurch erhält man zwei einzelne aufgetrennte Glieder und drei Kettenstücke von drei, sechs und zwölf Gliedern. Daraus lassen sich alle Gliederzahlen von 1 bis 23 bilden:

1 = 1	4 = 3 + 1	7 = 6 + 1
2 = 1 + 1	5 = 3 + 1 + 1	8 = 6 + 1 + 1
3 = 3	6 = 6	9 = 6 + 3

10 = 6 + 3 + 1	15 = 12 + 3	20 = 12 + 6 + 1 + 1
11 = 6 + 3 + 1 + 1	16 = 12 + 3 + 1	21 = 12 + 6 + 3
12 = 12	17 = 12 + 3 + 1 + 1	22 = 12 + 6 + 3 + 1
13 = 12 + 1	18 = 12 + 6	23 = 12 + 6 + 3 + 1 + 1
14 = 12 + 1 + 1	19 = 12 + 6 + 1	

Das rollende Dreieck

Der Umfang des Quadrates ist achtmal so lang wie eine Spielsteinseite. Nach acht Abrollungen befindet sich der Stein also wieder in seiner Ausgangsstellung. Allerdings liegt das Auge an der falschen Stelle. Damit dieses wieder an der Quadratecke liegt, muss der Spielstein drei komplette Runden um das Quadrat rollen.

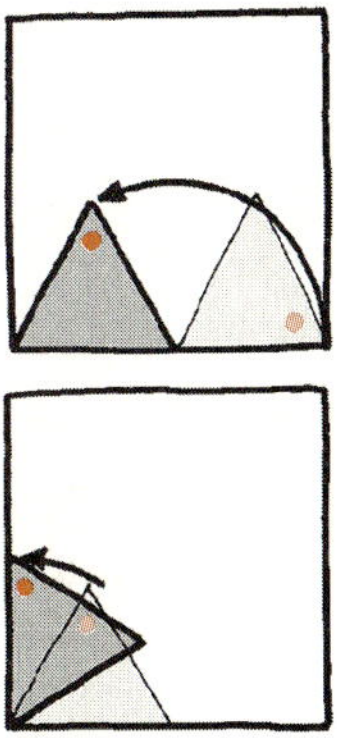

Der Stein macht beim Rollen immer abwechselnd zwei verschiedene Bewegungen: eine Drehung um 120°, wenn der Drehpunkt auf der Quadratseite liegt, und eine um 30°, wenn er auf einer Quadratecke liegt. Drehpunkt ist jeweils die vordere Spielsteinecke. Bei vierundzwanzig Abrollungen dreht sich der Stein also insgesamt um 12 · (120° + 30°) = 1800°. Dies entspricht 1800°/360° = 5 vollständigen Umdrehungen.

Jede einzelne Ecke des Steins macht jedoch nur zwei Drittel der Drehungen mit; bei einem Drittel ist sie der Drehpunkt. Das bedeutet, sie dreht sich nur 5 · 2/3 = 10/3-mal im Kreis. Da die Seiten a des Dreiecks die Radien der Drehkreise sind, hat der gesamte Weg s einer Ecke die Länge

$$s = \frac{10}{3} \cdot 2\pi a \approx 84 \text{ cm}$$

Alle Wege führen nach Osnabrück

Die Informationen zu den fünf Strecken über Altendorf (*A*), Brandlecht (*B*), Frensdorf (*F*), Hesepe (*H*) und Oorde (*O*) lassen sich durch zehn Gleichungen mit den Weglängen *s*, den Geschwindigkeiten *v* und den Fahrtzeiten *t* ausdrücken.

$$s_A = s_O - 20\text{ km} \qquad v_A = \frac{2}{3} v_O$$

$$s_B = s_O - 10\text{ km} \qquad v_B = v_O \qquad t_B = t_A - \frac{1}{3}\text{h}$$

$$s_F = s_O - 10\text{ km} \qquad v_F = \frac{3}{4} v_O$$

$$s_H = s_O + 20\text{ km} \qquad v_H = v_O \qquad t_H = t_F + \frac{1}{3}\text{h}$$

Da für alle Fahrzeiten $t = s/v$ gilt, kann man die Gleichungen für t_B und t_H zu

$$\frac{s_B}{v_B} = \frac{s_A}{v_A} - \frac{1}{3}\text{h}$$

$$\frac{s_H}{v_H} = \frac{s_F}{v_F} + \frac{1}{3}\text{h}$$

umformen. Ersetzt man in ihnen nun alle Weglängen und Geschwindigkeiten durch die obigen Beziehungen und löst sie anschließend nach $v_O \cdot \text{h}$ auf, erhält man

$$v_O \cdot \text{h} = \frac{3}{2} s_O - 60\text{ km}$$

$$v_O \cdot \text{h} = -s_O + 100\text{ km}$$

Diese beiden Ausdrücke werden gleichgesetzt und nach s_O aufgelöst. Daraus ergibt sich die Länge der gesuchten Strecke zu 64 km.

Goldfische für den Baron

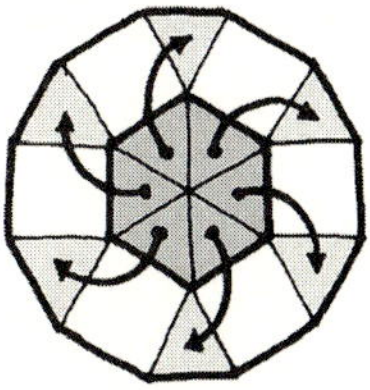

Gefragt war, um wie viele Quadratmeter die Rasenfläche größer ist als die Terrassenfläche. Schiebt man das Sechseck in die Mitte des Zwölfecks, so verändert sich zwar die Form der Rasenfläche, nicht aber ihre Größe. Mit einigen zusätzlichen Linien kann man die ganze Figur in lauter gleichseitige Dreiecke und Quadrate unterteilen, die alle eine Seitenlänge von zehn Metern haben.

Die Terrasse ist nun aus sechs Dreiecken zusammengesetzt und die Rasenfläche aus sechs Dreiecken und sechs Quadraten. Die Differenz zwischen der Rasen- und der Terrassenfläche besteht also aus sechs Quadraten, die zusammen einen Flächeninhalt von $6 \cdot (10\text{ m} \cdot 10\text{ m}) = 600\text{ m}^2$ haben.

Meister Blume fehlen also 600 m^2 Blaubasaltsteine.

Das zerrissene Buch

Bezeichnen wir die erste der vier aufeinander folgenden Seitenzahlen mit n, so beträgt ihr Produkt $N = n(n + 1)(n + 2)(n + 3) \approx n^4$. Folglich ist $n \approx \sqrt[4]{N}$. Da N eine Größe zwischen 5 000 000 004 und 5 999 999 994 hat, muss n etwa zwischen 265 und 279 liegen.

Um die Endziffer von N zu bestimmen, braucht man nur die Endziffern der vier Seitenzahlen miteinander zu multiplizieren. Die kleinste Seitennummer von zwei aufeinander folgenden Buchblättern ist immer ungerade. Darum ist das Endziffernprodukt der vier Seitennummern entweder $1 \cdot 2 \cdot 3 \cdot 4 = \ldots 4$ oder $3 \cdot 4 \cdot 5 \cdot 6 = \ldots 0$ oder $5 \cdot 6 \cdot 7 \cdot 8 = \ldots 0$ oder $7 \cdot 8 \cdot 9 \cdot 0 = 0$ oder $9 \cdot 0 \cdot 1 \cdot 2 = 0$. Die kleinste Seitenzahl endet folglich auf 1. In dem Intervall von 265 bis 279 gibt es nun nur eine Lösungsmöglichkeit:

$$271 \cdot 272 \cdot 273 \cdot 274 = 5\,513\,805\,024$$

Nimmt man an, dass die kleinste Seitennummer 261 oder 281 ist, so beginnt *N* mit einer 4 bzw. mit einer 6. Die gefundenen Seitennummern sind also die einzige Lösung.

Walters neue Freundin

Gloria behauptete, wenn man den Wochentag und die Tageszahl kennen würde, wüsste man auch den Monat. Folglich kommen nur die Kombinationen aus Wochentag und Tageszahl in Frage, die im Jahr 2000 nur jeweils einmal vorkommen. Dies sind, wie man mit einem Kalender leicht überprüfen kann:
Freitag, 31. März
Montag, 1. Mai – Mittwoch, 31. Mai
Donnerstag, 1. Juni – Freitag, 30. Juni
Mittwoch, 30. August – Donnerstag, 31. August
Sonntag, 1. Oktober – Dienstag, 31. Oktober
Sonntag, 31. Dezember
Anschließend sagte Gloria, dass man mit Hilfe des letzten Buchstabens des Monats darauf schließen könnte, um welchen es sich handelt. Somit müssen aus der gerade erhaltenen Liste alle Monate gestrichen werde, deren Endbuchstaben mehrfach auftauchen. Es bleiben also nur:
Freitag, 31. März
Mittwoch, 30. August – Donnerstag, 31. August
Schließlich sollte man aus der Tageszahl den Wochentag und den Monat ermitteln können. Dies ist nur mit der Tageszahl 30 möglich. Somit hatte Gloria am Mittwoch, dem 30. August 2000 Geburtstag.

Eine technische Zeichnung mit Lücken

Es gibt drei mögliche Polyeder, die diese Drauf- und Vorderansicht haben. Kurioserweise kann man von dem dritten Körper anhand der technischen Zeichnung nicht entscheiden, auf welcher seiner quadratischen Seitenflächen er steht.

Die Formen kann man sich aus halben Würfeln von 10 cm und 5 cm Kantenlänge aufgebaut denken, die ein Volumen von 0,5 l bzw. 0,0625 l haben. Folglich hat der erste Körper ein Volumen von 0,5625 l, der zweite von 0,4375 l und der dritte von 0,5 l. Die Differenz zwischen dem größten und dem kleinsten Körper beträgt also 0,125 l. Bastian kann bei 1000 Bogatoren also höchstens 125 l zu viel bestellt haben.

Die Ostfriesen

Herr Menzler sagte 1996, sein Sohn würde im Jahre x^2 gerade x Jahre alt werden. Die Wurzel aus dem Jahr, in dem diese Aussage gemacht wurde, ist $\sqrt{1996} \approx 44{,}68$. Die nächstgrößere quadratische Jahreszahl ist somit $45^2 = 2025$. Wenn Julian also im Jahre 2025 gerade 45 Jahre alt würde, müsste er im Jahre $2025 - 45 = 1980$ geboren sein. Dies wäre eine mögliche Lösung. Es ist aber auch die einzig mögliche Lösung, da die nächstgrößere quadratische Jahreszahl $46^2 = 2116$ ist und daraus ein Geburtsjahr von $2116 - 46 = 2070$ folgt. Da dieses Jahr, von 1996 aus gesehen, in der Zukunft liegt, kommt es natürlich nicht als Lösung in Frage.

Hadschi Halef Omar

Da Omar Ben Halef und Ali Ibn Abbas zusammen acht Fladenbrote hatten, aß jeder der drei Araber 8/3 Brote. Omar hatte fünf oder 15/3 Brote zu dem Mahl beigesteuert, also verkaufte er 7/3 Brote an Abul al Gossarah. Ali hingegen hatte drei oder 9/3 Brote und verkaufte somit 1/3 Brot an den Teppichhändler. Von den acht Piastern, die Abul al Gossarah für seine Fladenbrote bezahlte, bekam somit Omar sieben und Ali einen Piaster.

Der Deutsche Bierdeckelclub

Die kleinste siebenstellige Zahl ist 1 000 000 und die größte 9 999 999. Insgesamt gibt es also 9 000 000 siebenstellige Zahlen.
Es ist einfacher, zunächst einmal die Anzahl der Zahlen zu bestimmen, in denen die Ziffer 7 nicht auftritt. Als erste Stelle aller dieser Zahlen kommt jede Ziffer außer der 0 und der 7 in Frage. Somit gibt es acht mögliche erste Stellen. Für die zweite bis siebte Stelle steht auch noch die 0 zur Verfügung, und es sind dadurch für jede dieser Stellen neun verschiedene Ziffern möglich. Folglich gibt es insgesamt $8 \cdot 9^6 = 4\,251\,528$ siebenstellige Zahlen, die nicht die Ziffer 7 enthalten. In den restlichen siebenstelligen Zahlen muss also die 7 mindestens einmal vorkommen. Folglich stehen dem DBC $9\,000\,000 - 4\,251\,528 = 4\,748\,472$ Zahlen als Mitgliedsnummern zur Verfügung.

Die Handschmeichler

Die beiden Kugeln mit den Radien $r = 4$ cm und $R = 6$ cm liegen schräg übereinander in der Röhre, die einen Durchmesser von $d = 18$ cm hat. Der horizontale Abstand ihrer Mittelpunkte beträgt $b = d - r - R = 8$ cm. Mit dem Satz des Pythagoras kann man nun den vertikalen Abstand der Mittelpunkte berechnen:

$$a = \sqrt{(r + R)^2 - b^2} = 6 \text{ cm}$$

Damit ergibt sich die Höhe der Röhre zu $h = r + a + R = 16$ cm.

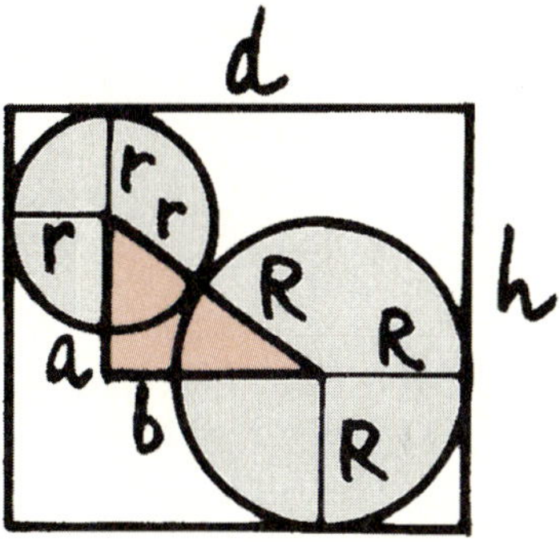

Über vier Banden

Der eleganteste Weg, dieses Problem zu lösen, ist, das Spiegelbild des Billardtisches an die Bande zu zeichnen, auf die die Kugel das erste Mal stößt. Die Kugelbahn nach der Reflexion bildet im Spiegelbild eine Gerade mit der Bahn der Kugel vor der Reflexion im Originalbild. Jetzt kann man den Weg der Kugel auf dem gespiegelten Tisch ganz analog weiter verfolgen: Man zeichnet an den gespiegelten Tisch ein Spiegelbild des Spiegelbilds. Insgesamt verteilt man die fünf Abschnitte der

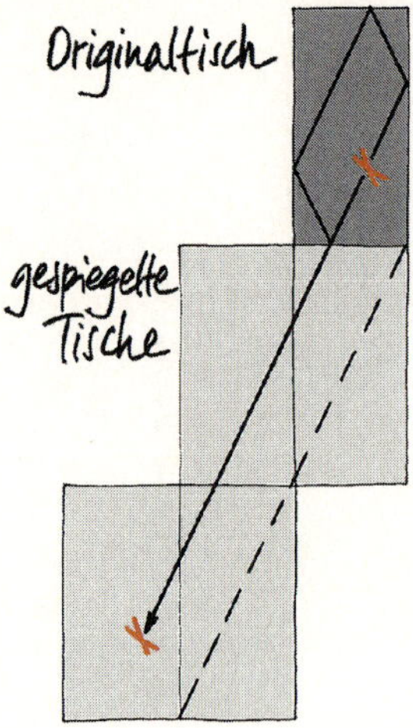

Kugelbahn vom Kreidekreuz über die vier Reflexionen an den Banden bis wieder zum Kreuz auf fünf Tische, die jeweils das Spiegelbild vom vorherigen Tisch sind. Die gesamte Bahn wird so zu einer Geraden. Diese Gerade lässt sich leicht parallel verschieben, und man sieht, dass sie die Länge von zwei Tischdiagonalen hat. Mit dem Satz des Pythagoras kann man nun die Länge der Kugelbahn berechnen:

$$2 \cdot \sqrt{(2{,}40\ \text{m})^2 + (1{,}20\ \text{m})^2}$$
$$= 2 \cdot \sqrt{2^2 \cdot (1{,}20\ \text{m})^2 + (1{,}20\ \text{m})^2}$$
$$= 2{,}40\ \text{m} \cdot \sqrt{5} \approx 5{,}37\ \text{m}$$

Der Wurm drin

So wie die Bücher im Regal standen, lag der vordere Deckel des ersten Bandes direkt am hinteren Deckel des zweiten Bandes. Der Holzwurm, der zwischen dem Buchdeckel und der Seite 1 des ersten Bandes seine Fresstour begann, brauchte sich also nur durch einen Deckel zu nagen, um zum zweiten Band zu gelangen. Nun musste er sich jeweils durch zwei Deckel und 500 Seiten, d. h. 250 Blätter, der Bände 2 bis 9 fressen und kam so zum hinteren Buchdeckel des zehnten Bandes. Hatte er schließlich auch den noch durchfressen, so befand er sich am Ziel, nämlich zwischen dem letzten Blatt und dem hinteren Buchdeckel des letzten Bandes.

Folglich hatte der Holzwurm achtzehn Buchdeckel und zweitausend Blätter durchfressen.

Ein seltener Geburtstag

Normalerweise hat der Februar 28 Tage oder genau 4 Wochen, und es gibt keinen fünften Donnerstag. Eine Ausnahme sind die Schaltjahre, in denen der Wochentag des 29. Februar in dem Monat fünfmal erscheint. Reiner wurde also an einem Donnerstag, dem 29. Februar geboren.

Da jedes vierte Jahr ein Schaltjahr ist, haben vier Jahre insgesamt $3 \cdot 365 + 366 = 1461$ Tage. Teilt man diesen Wert durch die Anzahl der Wochentage, also durch 7, so erhält man die Anzahl der Wochen: 1461 Tage = 208 Wochen + 5 Tage. An der 209. Woche fehlen also zwei Tage. Das bedeutet, da der 29. Februar 1996 ein Donnerstag war, muss der 29. Februar 1992 ein Samstag gewesen sein. Geht man weitere vier Jahre zurück, kommt man zu einem Montag, und so geht es analog weiter.

Der 29. Februar der letzten neun Schaltjahre war an folgenden Wochentagen:

Jahr:	1964	1968	1972	1976	1980	1984	1988	1992	1996
29. Februar:	Sa	Do	Di	So	Fr	Mi	Mo	Sa	Do

Mein Arbeitskollege wurde folglich am 29. Februar 1968 geboren und war nun 28 Jahre alt.

Wo Kuh und Ziege sich treffen

Wenn mit A die gesamte Fläche des kleinen Kreises der Ziege, mit B die des großen Kreises der Kuh und mit X der Überlapp bezeichnet wird, dann ist die gesuchte Differenz $\Delta = (B - X) - (A - X)$. Nach dem Auflösen der Klammern fällt der Überlapp fort: $\Delta = B - A$. Jetzt kann man mit der Formel für die Kreisfläche $F = \pi r^2$ leicht die Differenz berechnen zu $\Delta = 16\pi - 9\pi \approx 21{,}991$ Quadratmeter.
Es spielt also gar keine Rolle, ob die Kreise sich überschneiden und wie groß dieser überlappende Teil ist. Die Angabe des Abstandes der beiden Pflöcke war deshalb überflüssig.

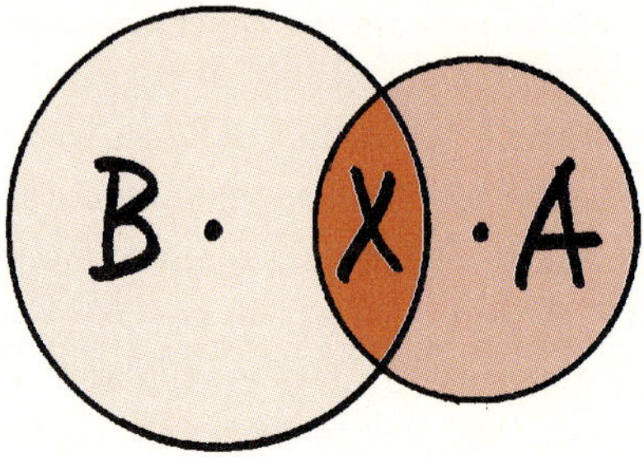

Die einsilbige Marktfrau

Die Preisangaben der Marktfrau über die drei Apfelsorten Alkmene (*a*), Braeburn (*b*) und Cox' Orange (*c*) lassen sich durch eine Gleichung und drei Ungleichungen ausdrücken.

$$a + b + c = 100$$
$$b > 2a$$
$$3a > 4c$$
$$3c > b$$

Ersetzt man in der Gleichung *a* und *c* einmal durch die beiden ersten und einmal durch die beiden zweiten Ungleichungen, erhält man $53{,}33 < b < 56{,}25$. Folglich kann *b* nur 54, 55 oder 56 sein. Ersetzt man nun noch *b* und *c* in der Gleichung durch die beiden letzten Ungleichungen und dann noch *b* durch die zuvor gefundenen Werte, ergibt sich $25{,}14 < a < 28$. Damit kommen für *a* nur die Zahlen 26 und 27 in Frage. Nun ist die Lösung durch Ausprobieren leicht zu finden: Der Alkmene kostet 26 Cent, der Braeburn 55 Cent und der Cox' Orange 19 Cent.

Eine Reise zu den Planeten

Die Venus kann sich der Erde bis auf 41 Millionen Kilometer nähern. Sie ist jedoch im zeitlichen Mittel weiter von der Erde entfernt als der sonnennächste Planet, der Merkur, der höchstens auf eine Entfernung von 91 Millionen Kilometern an sie herankommt. Das klingt sehr unwahrscheinlich, aber es lässt sich mit etwas Mathematik überprüfen.
Für die Berechnungen wird ein Bezugssystem gewählt, in dem die Erde auf ihrer Bahn um die Sonne stillsteht und alle anderen Planeten Winkelgeschwindigkeiten haben, die um die der Erde verringert sind. Da die Umlaufzeiten aller Planeten um die Sonne unterschiedlich sind und

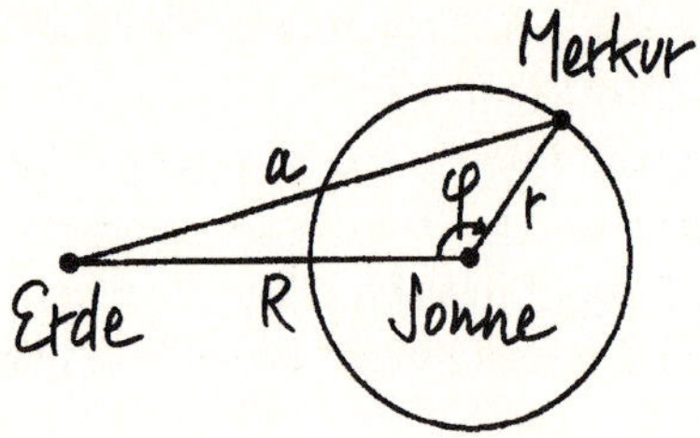

außerdem in keinem einfachen Zahlenverhältnis zueinander stehen, haben auch ihre Positionen auf den Bahnen keine feste Lage zueinander. Um den mittleren Abstand $\bar{a}$ zwischen dem Merkur und der Erde zu berechnen, muss man für jeden Bahnwinkel φ die Abstände a addieren und die Summe durch den Vollkreis 2π dividieren.

$$\bar{a} = \frac{1}{2\pi} \int_0^{2\pi} \mathrm{a}(\varphi) d\varphi$$

Den Abstand a kann man mit dem Kosinussatz aus dem Bahnradius und dem Bahnwinkel errechnen.

$$a^2 = R^2 + r^2 - 2Rr \cos \varphi$$

$$\bar{a} = \frac{1}{2\pi} \int_0^{2\pi} \sqrt{R^2 + r^2 - 2Rr \cos \varphi} \; \mathrm{d}\varphi$$

Setzt man in diese Gleichung Zahlen ein, erhält man für den mittleren Abstand zwischen dem Merkur und der Erde $\bar{a}$ = 154 Millionen Kilometer.

Ersetzt man in dem Integral den Bahnradius des Merkurs durch den der Venus, bekommt man als mittlere Entfernung zwischen der Erde und der Venus 169 Millionen Kilometer.

Um den Abstand zwischen Mars und Erde zu berechnen, muss man die Positionen des äußeren und des inneren Planeten vertauschen und

dann die Rechnung durchführen. Man erhält so einen mittleren Abstand von 253 Millionen Kilometern.
Die Planeten Jupiter, Saturn, Uranus, Neptun und Pluto braucht man nicht weiter zu untersuchen, da schon ihr kürzestmöglicher Abstand zur Erde mehr als 154 Millionen Kilometer beträgt.
In meiner Phantasie flog ich also mit meiner Frau zum Merkur.

Register

Foto: Klaus Kallabis

Christoph Drösser

Stimmt's, Herr Drösser, dass Ihre Bücher süchtig machen?

Stimmt's?
Moderne Legenden im Test
3-499-60728-X
«Bier auf Wein, das lass sein – Wein auf Bier, das rat ich dir.» Stimmt's? Alltagsweisheiten auf dem Prüfstand.

Stimmt's?
Noch mehr moderne Legenden im Test
3-499-60933-9

Stimmt's?
Freche Fragen, Lügen und Legenden für clevere Kids
3-499-21163-7
Stimmt's, dass Pinguine umfallen, wenn Flugzeuge über sie hinwegfliegen? Gähnen ansteckend ist? Pupse brennbar sind? Schokolade süchtig macht? Christoph Drösser, Redakteur der «Zeit» und science-Buchautor, macht Schluss mit Lügen und Legenden. Das Buch macht einfach Spaß – und nebenbei gibt's viel zu lernen!

Stimmt's?
Neue moderne Legenden im Test
«Mit 75 neuen, hoch vergnüglichen Texten steht Christoph Drösser ein weiteres Mal souverän Rede und Antwort ... zum Staunen, Schmunzeln oder Kopfschütteln.»
www.wissenschaft-online.de

3-499-61489-8